Unternehmenskommunikation im Zeitalter der digitalen Transformation

Bodo Kirf · Kai-Nils Eicke
Souren Schömburg

Unternehmens-kommunikation im Zeitalter der digitalen Transformation

Wie Unternehmen interne und externe Stakeholder heute und in Zukunft erreichen

Springer Gabler

Bodo Kirf
DJM Communication GmbH
Düsseldorf, Deutschland

Souren Schömburg
DJM Communication GmbH
Düsseldorf, Deutschland

Kai-Nils Eicke
DJM Communication GmbH
Düsseldorf, Deutschland

ISBN 978-3-658-15363-2 ISBN 978-3-658-15364-9 (eBook)
https://doi.org/10.1007/978-3-658-15364-9

Die Deutsche Nationalbibliothek verzeichnet diese Publikation in der Deutschen Nationalbibliografie; detaillierte bibliografische Daten sind im Internet über http://dnb.d-nb.de abrufbar.

Springer Gabler

Springer Gabler ist Teil von Springer Nature
Die eingetragene Gesellschaft ist Springer Fachmedien Wiesbaden GmbH
Die Anschrift der Gesellschaft ist: Abraham-Lincoln-Str. 46, 65189 Wiesbaden, Germany

Kyberspace. Unwillkürliche Halluzinationen, tagtäglich erlebt von Milliarden Berechtigten in allen Ländern (…). Grafische Wiedergabe abstrahierter Daten aus den Banken sämtlicher Computer im menschlichen System. Unvorstellbare Komplexität. Lichtzeilen, in den Nicht-Raum des Verstands gepackt, gruppierte Datenpakete. Wie die fliehenden Lichter einer Stadt …

(Gibson 1984, S. 76)

Die Möglichkeiten der Digitalisierung scheinen schier unbegrenzt, und die Erfahrung der Moderne lässt erwarten, dass sich die Welt durch Digitalisierung und neue Technologien weiter grundlegend und beschleunigt verändern wird.

(Rödder 2015, S. 30)

Es gibt heute keine unmittelbare Wahrnehmung mehr. An ihre Stelle tritt die Wahrnehmung von Kommunikationen. Damit wird es aber immer schwieriger, wenn nicht unmöglich, die Darstellungen von Wirklichkeit an dieser selbst zu messen.

(Bolz 1994, S. 21)

Man hat gelernt einzusehen, dass Kommunikation scheitern kann, glaubt jedoch unverdrossen, man könne etwas dafür tun, dass sie gelingt.

(Becker 2005, S. 7)

Geleitwort

Im Unternehmensalltag werden Einfluss und Bedeutung von Kommunikation häufig unterschätzt. Aber Unternehmenskommunikation ist heute mehr denn je ein strategischer Erfolgsfaktor. Wir Wirtschaftler sprechen in diesem Zusammenhang gerne vom positiven Wertbeitrag, den die Unternehmenskommunikation in interner und externer Ausrichtung leistet. Es ist mittlerweile in Theorie und Praxis unstrittig, dass ein gut geplantes und in sich stimmiges Kommunikationsmanagement eine enorme Wirkung auf Image und Reputation sowie Motivation und Leistung eines Unternehmens hat und eine der wesentlichen Stellschrauben dafür ist, dass Menschen sich bestens informiert und integriert fühlen und letztlich erfolgreich zusammenarbeiten.

Auch leben wir in einer immer komplexeren und dynamischeren Unternehmenswelt, die mit Begrifflichkeiten wie Digitalisierung, Disruption und Transformation fast jeglicher Geschäftsmodelle überschrieben wird. Für die Unternehmenskommunikation sind damit große und besondere Herausforderungen verbunden. Die Ansprüche der Stakeholder steigen. Dazu passende Strategien zu entwickeln, um sich dem veränderten Kommunikationsverhalten anzupassen oder sogar die Führung zu übernehmen, sind aktuelle Herausforderungen für die Kommunikatoren.

Dabei konkurrieren in zunehmendem Maße in der Vergangenheit bewährte und neue Lösungsansätze. Sind gerade Social und Mobile Media in das Kommunikationsportfolio aufgenommen, stehen unter dem Schlagwort „Kommunikation 4.0“ die nächsten Herausforderungen an. Werden künftig Chatbots als digitale Helfer in der Krisenkommunikation eingesetzt?

Das vorliegende Buch erläutert, wie die Digitalisierung sämtliche Prozesse und Strukturen im internen und externen Kommunikationsmanagement von Unternehmen verändert und wie Strategien, Konzepte, Aufgaben und Instrumente adaptiert werden müssen, um alle Adressatengruppen zu erreichen. Dabei zeigen die Autoren – wissenschaftlich fundiert und praxistauglich formuliert – wie eine Kommunikationsorganisation erfolgreich transformiert werden kann, damit alle Stakeholder die an sie gerichteten Botschaften zum geeigneten Moment und über die jeweils passenden Kanäle erhalten.

So ist ein kompakter Leitfaden entstanden, der in Zeiten von Struktur- und Systemwandel sowie zunehmender Vernetzung klare Orientierung bietet und direkt im Kommunikationsalltag anwendbar ist. Dies gilt gleichermaßen für Kommunikationsprofis wie auch Studierende. Ich wünsche allen Leserinnen und Lesern eine anregende Lektüre.

im Juli 2017

Prof. Dr. Wolfgang Jäger
Mediamanagement
Hochschule RheinMain
Wiesbaden

Vorwort

Trends und Tendenzen des Kommunikationsmanagements in der digitalen Transformation

Eines vorab: Dieses Buch kann vom Hier und Jetzt aus weder digital-visionäre Kristallkugelfernblicke und Prognosepanoramen in die (technologischen) Zukunftsszenarien der Unternehmens- und Markenkommunikation geben, noch vielsagend sicher prognostizieren, welche neuen Phänomene, Spielarten, Tendenzen und Trends der digitalen Kommunikation[1] und der mit ihr verbundenen Kommunikationspotenziale uns künftig in Praxis und Theorie begegnen werden. Und das vor allem angesichts der Tatsache, dass sich jene in den Diskurs- und Handlungsräumen von Markt und Gesellschaft weiter verändern bzw. in neue Richtungen entwickeln werden.

Die Autoren wollen sich somit nicht der Gefahr und dem Vorwurf einer Fehldiagnose aussetzen. Warum also dieses Buch? Seine Verfasser wollen – auf Basis empirischer Evidenz – aktuelle kommunikative Befunde, Anforderungen, Notwendigkeiten und Konsequenzen der „digitalen Transformation" bzw. der „Digitalisierung" als evolutionären Prozess für die Unternehmenskommunikationsprofession und deren Akteure beschreiben. Theoriegeleitete Erkenntnisse aus Forschung und Fachdiskussion sollen dabei berücksichtigt werden. Bislang gültige Erfahrungen und praktische Gegebenheiten werden ebenso miteinbezogen. Die erkenntnisleitende Kernfrage unserer Betrachtungen lautet: Wie und in welchem Umfang muss Kommunikationsmanagement im vielseits beschworenen digitalen Transformationskontext notwendigerweise strategisch geplant und taktisch implementiert sowie ggf. modifiziert bzw. reformiert werden, um den

[1]Digitale Kommunikation wird im Folgenden synonym zum Begriff „Online-Kommunikation" verwendet.

Aufgaben, Rollen und Ansprüchen an gelingende Kommunikationsprozesse in den internen und externen Beziehungsarealen von Unternehmen adäquat entsprechen zu können?

Indes haben die Autoren keine endgültigen Antworten parat. Sie wollen auch nicht in kritiklose Euphorie über Mögliches verfallen, sondern einen differenziert-objektiven Blick auf die Materie wagen, ohne dabei instruktiv wirken zu wollen. Die Leser/innen sollen angeregt werden, sich eigenständig mit dem Themenkreis, seinen Fragestellungen und spezifischen Implikationen weiter auseinanderzusetzen und diese für ihre speziellen Wirkungs- und Verantwortungsbereiche sinnvoll nutzbar zu machen. Gleichwohl bleiben offene Fragen bestehen, deren Beantwortung nachgängigen Darstellungen überlassen werden soll.

Der erste Teil skizziert Parameter, Einflussfaktoren, Leistungsvorgaben, Funktionen und Anwendungsbereiche konzeptionell-fundierter und wirkungsorientiert-umgesetzter Unternehmens- und Markenkommunikation in den Diskursverhältnissen der Mediengesellschaft 2.0. Dabei wird aufgezeigt, welche Bedeutung bis dato bewährtes kommunikations- und medienwissenschaftliches Reflexionswissen sowie etablierte Techniken und Methodenbeschreibungen für die Architektur des unternehmensinternen und -externen strategischen Kommunikationsmanagements und seinen Beitrag zur unternehmerischen Wertschöpfung haben. Primär unter den technologie-konditionierten Maßgaben der Digitalisierung hat sich Kommunikationsarbeit in Teilen formal, instrumentell, inhaltlich und prozessual bereits verändert. Mit Blick darauf wird dargelegt, wie insbesondere die diskurs-dynamischen Ausprägungen und Spielarten des Social Web öffentliche Wahrnehmungen, Meinungsbildungsprozesse und Kommunikationssteuerungen in unternehmensrelevanten Terrains beeinflussen. Diese Konstitution der Mediennutzung und -rezeption wirkt sich auch auf Reputationskonstruktionen und damit korrelierendes Stakeholdermanagement von Unternehmen in B2B- wie B2C-Kontaktbereichen aus. Und das bekanntermaßen nicht nur in Szenarien der Regelkommunikation, sondern ebenso in problematischen Situationen und deren kommunikativer Bewältigung. Denn in digital geprägten Milieus und Lesarten der Weltverläufe haben sich Konflikt- und Krisendispositionen sowie die Skandalisierungsanfälligkeit von Unternehmen deutlich erhöht. Auch aktuell mit Blick auf „Fake“ -News (vgl. Geier 1999 und seine geistreiche Interpretation des Phänomens „Fake“) und damit korrelierende öffentliche Meinungsbildungs- und Wahrnehmungsprozesse. Deshalb sind Krisenprophylaxe, Issues-, Web- und Social-Media-Monitoring und -Management sowie professionell gehandhabte Krisenkommunikation zentrale erfolgskritische Verfahren für das Funktionieren kommunikativer Lösungsstrategien.

Vieles von dem, was in diesem einführenden Teil dargestellt wird, ist schon Common Sense in Diskussionen und Einschätzungen zu Kommunikationsalltag und -praktiken von Unternehmen. Manches mag deshalb für Leser auf den ersten Blick bekannt, bereits erzählt oder vorgedacht erscheinen. Allerdings müssen aus Sicht der Autoren die „konventionellen" Essentials erwähnt werden, um die konstitutiven Zusammenhänge zu verdeutlichen, in denen sich moderne Unternehmens- und Markenkommunikation derzeit und auch in naher Zukunft abspielt, d. h. ihre Legitimation und Sinnstiftung findet. Dabei soll veranschaulicht werden, dass und warum es (noch) keine ausschließliche Verlegung der Unternehmenskommunikation auf virtuelle Kanäle und digital-basierte Netzwerke gibt. Denn auch „(…) unter den Bedingungen der Digitalität verschwindet das Analoge nicht, sondern wird neu bewertet und teilweise sogar aufgewertet. Und das Materielle ist nie ohne Materialität; im Gegenteil, die flüchtigen Impulse digitaler Kommunikation beruhen auf globalen, durch und durch materiellen Infrastrukturen, (…) " (Stalder 2016, S. 18).

Ein weiterer Aspekt ist die Frage nach den schon dokumentierbaren Veränderungen im Arbeitsalltag von PR-Managern und Marketers in Raum-Zeit-Strukturen digitaler Kommunikation und der sie dirigierenden Rahmung technischer Infrastrukturen. Vorrangig sind dabei Einschätzungen zu Herausforderungen, Konfigurationen, Wahrnehmungen und Normen, die mit diesen Veränderungen verbunden bzw. durch sie determiniert werden. Welche Anforderungen werden an Unternehmen und die Umsetzung ihrer Kommunikationsarbeit aktuell und künftig gestellt? Welche Implikationen entfalten algorithmische Programme auf die Gestaltung von Kommunikationsprojekten? Und welche Rolle spielt der Faktor Mensch in der digitalen Gegenwart und Zukunft der Unternehmenskommunikation?

Im zweiten Kapitel wird der Schwerpunkt auf die internen Kommunikationsräume, -themen und -szenarien gelegt, darauf, was sich im digitalen Transformationskontext kommunikativ verändert bzw. was nicht. Denn Digitalisierung hat auch Auswirkungen auf das Verhältnis von Unternehmensleitungen zu ihren internen Teilöffentlichkeiten, Stichwort: Digital Leadership als neue Schlüsselkompetenz des Managements. Dieses Themenfeld ist von Bedeutung für Strategie und Realisierung zeitgemäßer unternehmensinterner Kommunikationsverläufe. Bei näherer Betrachtung werden erkenntnisleitende Fragen virulent, wie: Wie sehen die Kernaufgaben der internen Kommunikation aus und wie muss diese strategisch konzipiert und optimal operativ implementiert werden? Welche Medienkanäle und Instrumente werden dabei erfolgsrelevant bespielt? Wie soll (Digital) Storytelling als Meinungsbildungs- und Thematisierungsprozess adressatengerecht unternehmensintern gestaltet werden? Welche Rolle kommt der

Führungskräftekommunikation zu und wie lässt sich diese moderieren? Und wer füllt in der internen Kommunikation welche Kommunikatorrollen aus?

Das dritte Kapitel stellt die relevanten Formen und Erscheinungsweisen der Digital-Anwendungen in der Unternehmenskommunikation vor. Dabei steht die Kernfrage im Mittelpunkt: Welche Ausweitung der Kommunikationsfähigkeiten und -möglichkeiten bietet die Online-Kommunikation im Beziehungsmanagement mit den diversen Unternehmenspublika? Dabei erscheint die Frage, ob Unternehmenskommunikation künftig mobil wird, obsolet. Responsives Webdesign und Internetnutzung über mobile Endgeräte sind keine Herausforderungen mehr, sondern gehören mittlerweile zum Kommunikationsalltag von Unternehmen. Auch neue Plattformen mit neuen Playern wie Instagram, Snapchat & Co. sind auf dem Vormarsch. Bei der Erörterung dieser Gegebenheiten werden konkrete, aus Erfahrungswissen heraus formulierte Handlungsempfehlungen für die Online-Kommunikation gegeben.

Der zusammenfassende Ausblick auf die künftigen Aufgabenstellungen und Herausforderungen der Unternehmenskommunikation ist Gegenstand der Schlussbetrachtungen.

Düsseldorf
im Juli 2017

Prof. Dr. Bodo Kirf

Literatur

Becker, D. 2005. *Form und Formen der Kommunikation*. Frankfurt a. M.: Suhrkamp.

Bolz, N. 1994. *Das kontrollierte Chaos*. Düsseldorf: Econ.

Geier, M. 1999. *Fake. Leben in künstlichen Welten. Mythos – Literatur – Wissenschaft*. Reinbek bei Hamburg: Rowohlt Taschenbuch.

Gibson, W. 1984. *Neuromancer*. München: Heyne.

Rödder, A. 2015. *21.0. Eine kurze Geschichte der Gegenwart*, 2. Aufl. München: Beck.

Stalder, F. 2016. *Kultur der Digitalität*. Berlin: Suhrkamp.

Inhaltsverzeichnis

Unternehmenskommunikation in Zeiten digitaler Transformation

1

Bodo Kirf

Die rasant fortschreitende **„Digitalisierung“**[1] ist kein saisonales Momentum, keine abstrakte Spekulation oder futuristische Fantasie mehr. Das Phänomen wird seit geraumer Zeit in verschiedenen Wissenschaftsdisziplinen und Diskursformaten thematisiert. Als technologische Grundlage der **„digitalen Transformation“** verwandelt und dominiert die **„Digitalisierung“** nicht nur Grundlagen und Horizonte des individuellen und kollektiven Miteinanders in privaten und öffentlichen Lebenswelten. Sie wirkt auch zunehmend auf die Architektur und Handlungsparameter von und in Unternehmen im Hinblick auf Strukturen, Prozesse, Arbeitsweisen, Finanzwesen, Mediennutzung, Kultur und Kommunikation ein. Der „Anteil des Digitalen an der Wertschöpfung“ (Keese 2016, S. 19) von ganzen Wirtschaftszweigen steigt ständig. Dieser dynamisch-komplexe Wandlungsprozess lässt in einem „Beschleunigungs- und Verdichtungsschub“ (Rödder 2015, S. 38) manche tradierte Gewissheiten, Spielregeln und Systeme obsolet bzw. in einem neuen Licht erscheinen. „Digitalität heißt ewige Vorläufigkeit“ (Kucklick 2015). Digitalisierung verändert etablierte Transaktionsmuster und Deutungsgarantien. Sie konditioniert Wertschöpfungsketten (Kreutzer und Land 2015, S. 45 ff.) und verkürzte Innovationszyklen, determiniert Geschäftsmodelle und durchdingt fortschreitend ökonomisch-relevante Beziehungsgefüge (vgl. Cole 2015, S. 18). Diese vielfältigen Entwicklungen auf Basis digitaler Netzwerke beschleunigen die Integration von Technologie und Intelligenz und bewirken neue Perspektiven der Kollaborationen von Mensch und Maschinen.

---

[1]Zur historischen Semantik des Begriffs „Digitalisierung“ s. Negroponte (1995, S. 24 ff.); zu deren Dimensionen und gesellschaftlich-ökonomischen Auswirkungen s. Rödder (2015, S. 18 ff.), Röttger et al. (2014, S. 73 f.), Keese (2016, S. 23 ff.); immer noch lesenswert sind die perspektivenreichen Interpretationen der Konstruktionen digitaler Wirklichkeiten und damit korrelierender Raum- und Zeiterfahrungen von Rötzer (1998).

B. Kirf et al., *Unternehmenskommunikation im Zeitalter der digitalen Transformation,* https://doi.org/10.1007/978-3-658-15364-9_1

In diesem Buch wird „Digitalisierung“ gedeutet als **Transformation** von analogen in dematerialisierte (vgl. die Beschreibung des mit Digitalisierung einhergehenden Phänomens der „Dematerialisierung“ bei Kreutzer und Land 2015, S. 50 ff.), digital-vernetzte Strukturen und Prozesse, „basierend auf dem Internet als Querschnittstechnologie“ (Kollmann und Schmidt 2016, S. V, vgl. Gabler Wirtschaftslexikon o. J.)[2]. Dabei spielen zudem disruptive Effekte (Cole 2015, S. 37; Keese 2016, S. 20)[3] eine wichtige Rolle. Diese verändern ihrerseits Kommunikationsprozeduren, -potenziale und -positionen auch von Unternehmen.

Unter den vielfach kursierenden **Definitionen** zur „digitalen Transformation“ sei eine genannt, die die wesentlichen Bedeutungsaspekte digitaler Netzwerkökonomie treffend zusammenfasst:

„Die digitale Transformation ist der Wandel bestehender Unternehmensprozesse sowie die zielgerichtete Reaktion eines Unternehmens auf die Digitalisierung, welche sich unter Anderem durch die Einführung von neuen, digitalen Technologien und Innovationen, wie z. B. Social Media, Big Data, Clouds, Smart Devices, Internet-of-Things auszeichnet“ (Etventure o. J.)[4].

Diese eine **„Kultur der Digitalität“** (Stalder 2016, S. 10; zur Definition von „Digitalität“ s. Stadler a. a. O. 2016, S. 18) konstituierende Tendenz durchdringt, beeinflusst und normalisiert vermehrt singuläre und kollektive Denk- und Verhaltensmuster. **„Digitalparadigmen“** prägen und etikettieren in vielfältigen Texturen und Konstruktionen die Entscheidungen und Interaktionsmotive von

---

[2]Trotz aller Euphorie der Auguren des digitalisiert-technologischen Fortschritts beklagt Keese mit kritischem Blick die fehlende eindeutige Begriffsklärung zur „Digitalisierung“ (Keese 2016, S. 23).

[3]Zum Begriff „Disruption“ und seiner Verwendung – auch im Kontext von „Digitalisierung“ (=„digital Disruption“, s. McQuivey 2013) und der Erringung eines (ökonomisch-orientierten) „Digital Leadership“ in einer Welt voll von disruptiven Progressionen s. Kollmann und Schmidt (2016, S. 83 ff.). „Disruption“ ist auch in der Kommunikationsbranche, z. B. bei der kritischen Überprüfung von Marken- und Produktpositionierungen und der auf sie geeichten Kommunikationsstrategien und Maßnahmen, populär (vgl. Dru 2002, 2007).

[4]Etventure hat in diesem Kontext auch eine Studie zum Themenbereich „digitale Transformation 2017“ veröffentlicht http://www.etventure.de/files/studien/etventure-studie2017.pdf; vgl. die Definition bei Kreutzer und Land (2015, S. 159): „Mit dem Begriff digitale Transformation wird der zielgerichtete Einsatz von digitalen Technologien bezeichnet, um die eigenen Wertschöpfungsprozesse (…) neu- oder umzugestalten“; ebenso Cole (2015, S. 35).

Akteuren, die in diese vernetzt-relationale Sphäre[5] involviert und von ihr inspiriert sind. Und „erstmals in der Geschichte ist unsere Umwelt voller digitaler Wesen, die schneller lernen und sich schneller entwickeln als wir selbst" (Kucklick 2015, S. 95). Kurzum, wir sind nicht auf dem Weg in die digitale Transformation, sondern schon mitten drin mit zunehmender Beschleunigung und elementarer Intensität, die das Kommunikations- und Rezeptionsverhalten in einer medial-digitalen Alltagskultur nachhaltig bestimmt. Dieser Prozess wird getrieben durch eine exponentiell wachsende Zahl der an der digitalen Kommunität Beteiligten („Digital Natives", „Digital Immigrants", „Digital Residents") und deren alltägliche Nutzung digitaler Kommunikations- und Human-Enhancement-Technologien (vgl. Kollmann und Schmidt 2016, S. 9 ff.), datenbasierter und -verarbeitender Dienstleistungen („Datafizierung") (s. Hepp 2016, S. 225 ff.; van Dijck 2014, S. 198 ff.) sowie flexibler IT-Ressourcen beim Austausch von Informationen. Ob PC-stationär, im Kontext von Cloud-Computing, in Smartphone-mobilen Applikationen oder durch die Teilhabe in Social Networks: wir sind in digitaler Dauerbereitschaft, „always on", privat und beruflich. Der Mensch entwickelt sich mit großen Schritten hin zum „Homo Digitalis". „Zurückdrehen lässt sich diese Tendenz nicht, (…). Die digitale Technik ist allgegenwärtig (…). Der stetige Fortschritt und die wachsende Bedeutung der Informationstechnik waren und sind notwendige Voraussetzungen für die neue Dimension des digitalen Miteinanders" (Kollmann uns Schmidt 2016, S. 4)[6].

„Vernetzung" ist zum Sinnbild der digitalen Welt geworden. Hinter der verstärkten Präsenz digitaler Verknüpfungen und Lösungen von Unternehmen stecken strategische wie operative Zielsetzungen. Diese müssen auch kommunikativ angemessen flankiert werden. So wird der sprachliche Aufsteiger „Digitalisierung" im Nachdenken über Gegenwart und Zukunft der spezifischen Modalitäten,

---

[5]Castells spricht in diesem Kontext von „realer Virtualität" und den Konsequenzen digitaler Kommunikationsmittel für Weltbezug und Weltwahrnehmung (2000, S. 376 ff.).

[6]Gleichwohl gibt es bzgl. der Etablierung digitalen Know-hows und geschäftsstrategischer Anwendung vernetzter Wertschöpfungsketten in der hiesigen Wirtschaft noch „massiven Nachholbedarf" (Kollmann und Schmidt 2016, S. 23, 68 ff.); vgl. auch Cole (2015, S. 15 ff.). So fehlt vielen Unternehmen eine digitale Agenda und Strategie sowie eine disruptive, „risikoorientierte Innovationskultur (…) mit Blick auf die Anforderungen der Digitalen Transformation (…)" (Kollmann und Schmidt 2016, S. 33); vgl. Keese (2016, S. 15), der in diesem Kontext vom „digitalen Defizit", das sich negativ auf „Wettbewerbs- und Wachstumsfähigkeit in zunehmend digitalisierten Wirtschaftsräumen auswirkt", spricht. Wer hier nicht mitspielt, setzt sich der Gefahr aus, Opfer des „digitalen Darwinismus" und „vom Markt aussortiert" (Kreutzer und Land 2015, S. 23) zu werden.

Anforderungen, Aktions- und Wirkungsbereiche der **Unternehmenskommunikation** (synonym „Corporate Communication“) zunehmend prominenter. „Digitalisierung“ erscheint dabei gleichsam als metaphorischer Umbrella-Begriff. Er fungiert als Deutungs- und Thematisierungsrahmen für diverse technologiekonditionierte Domänen der Unternehmenskommunikation und inkorporiert verschiedenste Genres und Strömungen – z. B. die Adaption und Nutzung von Medieninnovationen wie mobilen Devices und audiovisuellen Online-Formaten in der Ansprache von Adressaten in B2B- oder B2C-Bereichen. In dieser digital determinierten Verbindung wird zuweilen der Terminus „Unternehmenskommunikation 4.0“ als weiteres „Digitalthema“ gleichsam mit „Prognosecharakter“ in der gegenwärtigen Debatte um Trends und Tendenzen künftiger Kommunikationsarbeit gebraucht[7]. Diese „wird durch Digitalisierung und Vernetzung sowie veränderte kommunikative Rezeptionsbedingungen determiniert“ (Kirf und Eicke 2016, S. 5). Der dehnbare Begriff wird mit mehrfachen Zuweisungen und Zusammenhängen assoziiert. So korreliert „Unternehmenskommunikation 4.0“ themenorientiert mit Implikationen der digitalen Transformation wie Industrie 4.0[8], Arbeit 4.0, Technologie 4.0, Big Data, Mobilität, Konnektivität, Robotik, Automatisierung in der Datenverarbeitung und Internet der Dinge (vgl. Kirf und Eicke 2016, S. 7 f.; Kollmann und Schmidt 2016, S. 43 ff.). Viele sprechen darüber, doch längst noch nicht alle haben diese Faktoren als Impulse und Maßgaben in ihrer Kommunikationspraxis realisiert. Indes wird „Unternehmenskommunikation 4.0“ als Gattungsbezeichnung an dieser Stelle nicht weiter erläutert. Denn der Begriff ist in seiner Auslegung z. Z. noch zu unscharf und muss weiterhin präziser ausgedeutet werden. Wir sprechen daher in unseren Ausführungen der Einfachheit halber von **Unternehmenskommunikation in digitalen Transformationsszenarien.**

[7]Vgl. dazu auch die Ergebnisse zu Einschätzungen und Erwartungshaltungen künftiger Kommunikationsarbeit in der Delphi-Studie im Projekt „Unternehmenskommunikation 4.0“ der Hochschule RheinMain/Wiesbaden im Master-Studiengang Media & Design Management im WS 2015/2016. Kontaktdaten: hsrm@delphi-studie-uk-4-0.de.

[8]Ein weiteres Themenfeld im Kontext der digitalen Transformation ist „Industrie 4.0“. Dieser Beitrag will indes nicht an der Diskussion zu Aufgabenbereichen und Anwendungsgebieten von Industrie 4.0 partizipieren; s. dazu u. a. Kollmann und Schmidt (2016, S. 55 ff.) und Obermaier (2016, S. 7 ff.).

1.1 Kommunikation der Transformation oder Transformation der Kommunikation

Mit Blick auf die skizzierten digital-transformativen Reflexions- und Handlungskontexte befindet sich die **Kommunikation in und von Unternehmen** aktuell an einem Wendepunkt. Sie findet ihren gesellschaftlich-ökonomisch-medialen Bezugsrahmen in einer von der Kultur der Digitalität konditionierten **Mediengesellschaft** (vgl. Kübler 2009, S. 27 ff.; Mertens 2001, S. 43). Diese verändert sich selbst angesichts eines Medientechnologien-inkludierenden Handelns (Grenz und Möll 2014, S. 1 f.) und einer „tiefgreifenden Mediatisierung" (Hepp 2016, S. 227) mit Verlagerung des Medienkonsums in den virtuellen Sektor des Internets. Das wiederum hat sich durch den Wandel zum **Social Web 2.0** (vgl. dazu Fiege 2012, S. 16 ff.; Meckel und Stanoevska-Slabeva 2008, S. 12 ff.; Walsh et al. 2011, S. 6 f.) zum Leitmedium der öffentlichen Meinungsbildung transformiert. Diskurse finden vermehrt online im digital-vormedialen Terrain statt. In diesem Wirkungskreis besetzen Mikro-Öffentlichkeiten Standpunkte, Thesen und Themen. Sie interpretieren Ereignisse und Eindrücke, die sie als „user generated content" (s. Alpar und Blaschke 2008, S. 4; Fiege 2012, S. 31 f.) für ihre Follower auf deren Feedback geeicht verarbeiten, um sie dann im Informations- und Newsstrom anschlussfähig[9] durch Hyperverlinkung „zu anderen Diensten in der Social Media Sphäre" (Fiege 2012, S. 8) – wie Facebook und YouTube – reichweitenstark weiter zu verbreiten. Denn Social-Media-Netzwerke werden stark parallel genutzt, Inhalte also auch auf mehreren Plattformen geteilt. Mithin lautet der „kategorische Imperativ" des digitalen Medienzeitalters: „Kommuniziere so, dass andere anschließen können" (Bolz 2007, S. 123).

In dem in der Literatur schon vielfach beschriebenen **Kommunikationsraum 2.0** und der ihn charakterisierenden „Beschleunigung öffentlicher Kommunikation" (Schenk et al. 2008, S. 248) durch „digitale Meinungsvielfalt" (Kollmann und Schmidt 2016, S. 35) hat sich eine selbst organisierte, kommunikativ mediatisierte Präsenz vieler Player herausgebildet. Deren publizistische Betriebsamkeit in Form eines „Parajournalismus der Laien" (Bolz 2007, S. 30) hat gleichzeitig die Rollenfunktion der „Gatekeeper 2.0" (s. Schindler und Liller 2011, S. 75 f.)[10]

[9]Zur kommunikativen Verarbeitung von Medienangeboten hat Luhmann stilbildend den Begriff „Anschlusskommunikation" geprägt (1996, S. 14, 171).

[10]In diesem Kontext immer noch lesenswert Rötzer (1998, insbes. S. 34 ff.); zur Funktion der „Gatekeeper 2.0" als digitale Meinungsführer und Multiplikatoren s. Fiege (2012, S. 10 f.).

begründet. Diese Entwicklung wird gestützt durch die rapide Verlagerung von Kommunikation auf digitale Medien und mobile Endgeräte anstelle von klassischen Formaten wie Print und TV. Smartphones und Tablets bilden den „Second Screen", über den sich User in Echtzeit dialogisch orientiert austauschen können. Die Welt ist längst mobil. So gelten „digital first" und „mobile first" für **digitale Meinungsmacher** als Imperative moderner Adressatenansprache. Sie richten ihren Content, den sie mittels intelligent vernetzter Daten ständig aktualisieren und auf Mircoblogging-Plattformen personalisieren, technisch und inhaltlich auf diese Art der Mediennutzung aus.

Als Reporter und Editor in einer Person unterminieren die **neuen Gatekeeper** mit ihrer Content-Produktion, -Visualisierung und -Distribution nicht nur das publizistische Beobachtungs-, Informations- und Meinungsbildungsmonopol der traditionellen Massenmedien (vgl. Weichert et al. 2010, S. 34 ff.; Jarvis 2015, S. 18 ff.). Die virtuellen Federn tangieren zudem die Aktivitäten von Unternehmenskommunikatoren im **Wettbewerb um Aufmerksamkeit**[11] und Akzeptanz bei der Konversation mit ihren Bezugsgruppen. Unternehmen verlieren immer mehr die Kontroll- und Deutungshoheit über das, was von wem und wie über sie und ihre Produkte, Marken, Dienstleitungen und Protagonisten gesagt, thematisiert und mediengestützt verbreitet wird. Das hat ebenfalls Auswirkungen auf die Medienarbeit im digitalen (Medien-)Wandel. Denn die Zahl der Kanäle nimmt ständig zu, die Komplexität und Vielzahl der Themen und Diskurse steigt, die Nutzer- und Rezeptionsgewohnheiten der Medienpublika ändern sich. Botschaften medial kontrolliert an die jeweiligen, immer heterogener werdenden Zielgruppen zu senden und somit medien-induzierte Kommunikationsprozesse zu steuern, ist mit diversen Hürden versehen und wird künftig immer schwieriger. Man spricht in diesem Diagnosekontext der „Medienaneignung und -domestizierung" (Grenz und Möll 2014, S. 2) vom Paradigma einer sich ständig verändernden, divergenten „neuen Form von Öffentlichkeit" (Himmelreich und Einwiller 2015, S. 185), die ihrerseits als Folge eines stark medien-animierten „Strukturwandel(s)

[11]Dass mit zunehmender Fülle an verfügbaren Informationen „Aufmerksamkeit" als Ressource für die, die sie beanspruchen, immer wertvoller, weil knapper wird, hat vor allem Franck in seiner grundlegenden Arbeit zur „Aufmerksamkeitsökonomie" pointiert; und das ebenso mit Blick auf die spezifische Entwicklung im Internet und die damit korrelierenden verschärften Bedingungen um Aufmerksamkeitsgenerierung mit anderen Kanälen der Kommunikation von Organisationen (1998, S. 49 ff.); vgl. auch Herger (2004, S. 40).

der Öffentlichkeit"[12] erscheint. Das ist insofern von Bedeutung, als dass die „Medienöffentlichkeit" (s. Schulz 1997, S. 86 ff.) wesentliche Zielgröße, Rahmenbedingung und Konnex organisationalen Handelns (Röttger et al. 2014, S. 77) und seiner kommunikativen Demonstrationen und Schilderungen ist.

1.2 Am Ende der Gutenberg-Galaxis: Bekannte Weisheiten, erprobte Prinzipien und neue kommunikative Justierungen

Angesichts der Präsenz und Dimensionen der mit Digitalisierung und Web 2.0/ Social Media (s. BVDW 2009) verbundenen kommunikativen Parameter und Dispositive werden Strategien und Praktiken, Produktion und Rezeption in den Arenen der internen und externen Unternehmenskommunikation ebenfalls konditioniert. Sie müssen entsprechend adaptiert bzw. teilweise neu verhandelt werden (s. Zerfaß und Pleil 2012, S. 57 ff.). Die gute Nachricht: Das geschieht bereits auf breiter Front – im Mittelstand wie in Konzernen. Und zwar mit der Konsequenz, dass **Social Media** mittlerweile ein wichtiges Tool für interne (vgl. Dörfel und Schulz 2012) und externe Unternehmenskommunikation sowie Markenführung in B2B- und B2C-Bereichen darstellen. D. h. aber auch: PR-Beauftragte, Marketingverantwortliche, Gestalter von dialog-orientierten internen Kommunikationsprozessen und deren Berater müssen die mit der Digitalsphäre korrelierenden Entwicklungslinien kennen und sich diesen sowohl in ihrem professionellen Selbstverständnis als auch in Konzeptkonstruktionen und Kommunikationsprogrammen fortgesetzt anpassen bzw. ihr Leistungsspektrum daraufhin ausrichten. Diese Forderung ist bekannt und bereits vielfach in theoretischen wie praxisbezogenen Abhandlungen konstatiert und hinreichend kommentiert worden[13]. Gleichwohl ist es bedeutsam, an dieser Stelle nochmals auf diesen Aspekt zu verweisen. Und zwar vor allem mit Blick darauf, dass das einstige Absender-Monopol der Unternehmenskommunikation in Zeiten von Social Media/Social Web und virtuell-partizipativem

[12]S. dazu Donges und Imhof (2001, S. 121), die – in Anlehnung an die Begriffsprägung von Habermas (1962) – von einem „Strukturwandel der Öffentlichkeit" als Folge der „Medialisierung der Gesellschaft" sprechen. Das klassisch-normative Modell von Öffentlichkeit ist angesichts dieses Paradigmenwechsels obsolet geworden.

[13]Wir gehen im Verlauf unserer Darstellung auf eine aus Autorensicht aussagekräftige Selektion von Publikationen ein und zitieren aus diesen, wenn es für Gang und Begründung unserer Argumentation geboten scheint.

Embedding, Rating, Sharing und Following schon längst aufgehoben ist zugunsten eines reichweiten-vergrößerten Many-to-Many-Prinzips. Dieses wird mittlerweile von einer unüberschaubaren Menge von „Prosumern/Prosumenten" und „Micro-Influencern" praktiziert. In der reziproken Vermischung von Rezipient und Sender bringen sie selbstständig Diskurse in Gang – mit Konsequenzen für Unternehmens- und Markenwahrnehmungen. Die kommunikativ aktiven Netzflaneure können nämlich in disputierender Provokation und Polemik gezielt reputationsgefährdende „Shitstorms" initiieren und daran anknüpfende Eskalationen in öffentlichen Debatten hervorrufen. Doch dazu an anderer Stelle dieses Beitrags mehr.

1.2.1 Unternehmenskommunikation als Instrument der Unternehmensführung

Gleichwohl: Bei aller Aufmerksamkeit, die der Kommunikations-, Koordinations- und Konstellationsinfrastruktur des Web 2.0/Social Web (s. u. a. Ebersbach et al. 2008, S. 31; Schindler und Liller 2011, S. 5 ff.) und seinen spezifischen Substraten und Varianten sowie den in der Sphäre der „digitalen Mediapolis" (s. Weichert et al. 2010) präsenten Akteuren und ihren Kommunikationsauftritten gewidmet wird: Wissenschaft und Praxis sind sich in einem Punkt einig: **Erfolgreiche Unternehmensführung** muss sich mit den Anforderungen und Hervorbringungskontexten strategisch-geplanter und implementierter Unternehmenskommunikation auseinandersetzen. Das betrifft insbesondere die Darstellung organisationaler Rollenmanifestationen und Leistungsbesetzungen. **Kommunikation** gilt als Grundlage für strategische Managementhandlungen und Entscheidungsprozesse von und in Unternehmen jedweder Größe und Mission. Sie ist somit konstitutiver Bestandteil gelingender Unternehmenssteuerung und ein „Beitrag zur Strategierealisierung" (Zerfaß 2004, S. 295). Und das ebenfalls im Zeitalter digitaler Transformationsprozesse und Wandelszenarien mit technologiegestützten, webbasiert-digitalisierten Kommunikationsformen und -kanälen.

Diese werden zunehmend von Unternehmen wirtschaftlich genutzt. Dazu zählen **Plattformen** wie Facebook, Twitter, Snapchat, Instagram, aber auch Corporate Websites sowie **beziehungsstiftende Kanäle** wie Social-Media-Relations, Content-Marketing, Blogger-Relations, Audience- und Influencer-Mapping, Community-Building oder **Marketingtools** wie Online-Targeting oder spezielle Modi interaktiver Werbung. Diese Instrumente und Plattformen bestimmen zusehends Kommunikationsstrategien und -programme und beeinflussen die Kontaktregie in verschiedenen internen und externen Handlungsfeldern in „Organisationsöffentlichkeiten" (Zerfaß 2004, S. 294), Markt und Gesellschaft (s. Herger 2005, S. 261).

Ein Blick in die Forschungsdebatte, die sich aus verschiedenen kommunikations- und medienwissenschaftlichen Richtungen mit einer interdisziplinär argumentierenden Diskussion speist, bestätigt die Annahme der **kommunikativen Fundierung des Unternehmenserfolgs.** In den Beschreibungen von normativen Grundlagen, Funktionen, Prozessen, Themenfeldern, Wirkungszusammenhängen sowie Leistungsportfolios von Unternehmenskommunikation ist ein gemeinsamer Kernpunkt die Pointierung der **Gestaltung** und **Lenkung der Kommunikationsbeziehungen** eines Unternehmens im Umgang mit all seinen Bezugsgruppen.

Diese **Interaktionen**[14] werden geprägt durch die zunehmende Ausdifferenzierung, Komplexität und Dynamisierung von Anspruchshaltungen, Interessenlagen, Aktionsbereichen, Kommunikationsbedürfnissen in „medialisierten" Öffentlichkeiten[15], die die Kommunikationsverhältnisse der zeitgenössischen (Medien-) Gesellschaft prägen. Diese Entwicklung stellt immer neue Anforderungen an die Integrationsfähigkeit des unternehmerischen Handelns und dessen effektive kommunikativ-diskursive Vermittlung. Sie ist gepaart mit der techno-medialen Karriere des Web 2.0 und wird getrieben durch die multidimensionale Diskursausdehnung der digital-interaktiven „Netzverdichtung der Weltkommunikation" (Bolz 2007, S. 129) mit all ihren Chancen der Rezeptionsexpansion in große Teilnehmersegmente und vielfältigen Möglichkeiten der Direktkommunikation, aber auch mit wachsenden Kommunikationsrisiken (Herger 2004, S. 17 f., kritisch s. Turkle 2015, S. 302 ff.).

1.2.2 Die Integrationsleistung von Kommunikation

Darauf hat schon in den 1990er Jahren Cees van Riel prinzipiell hingewiesen. In seiner Begriffsdeutung der einzelnen Funktionen von Unternehmenskommunikation betont er den Integrationsgedanken als definitorisches Kernelement. Dabei wird Kommunikation der Status einer strategischen Managementaufgabe zugewiesen. „Corporate Communications is an instrument of management by means of which all consciously used forms of internal and external communication are harmonized as effectively as possible, so as to create a favourable basis for relationships with

[14]Lies spricht in diesem Kontext vom „handlungsorientierten" Kommunikationsbegriff (Lies 2015, S. 4).

[15]„Medienöffentlichkeit" steht für einen speziellen Typus von Öffentlichkeit, die durch Massenmedien und deren Rezeption hergestellt wird und durch diese Vermittlungsleistung selbst „Medienrealität" schafft – s. dazu Schulz (1997, S. 86 ff.).

groups upon which the company is dependent“ (van Riel 1992, S. 26; vgl. Cornelissen 2009, S. 5; Bruhn 2015, S. 88 f.).

Integrationsleistung heißt: Als intentionale, auf kommunikativ-soziale Integration (vgl. Zerfaß 2004, S. 208 ff.) angelegte Vorgehensweise soll Unternehmenskommunikation zur Stabilität von Handlungsabläufen beitragen. Einen wesentlichen Beitrag dazu leisten insbesondere die der PR als Teilfunktion der Unternehmenskommunikation zurechenbaren integrationsorientierten Maßnahmen und diskursiven Modulationen (Herger 2004, S. 97 ff.; Röttger 2005, S. 500; Rademacher 2009, S. 137)[16]. Und zwar, indem in Interaktionsvorgängen partikulare Zielbestimmungen und Zwecksetzungen möglichst verständigungsorientiert (Röttger et al. 2014, S. 167 ff.) angeglichen werden. Konsenskritische Situationsdeutungen bzw. disparate Handlungsmuster sollen ausbalanciert sowie divergierende Positionen und Werteartikulationen zwischen Kommunikationsparteien im Dialog (Bruhn 2000, S. 14; Hubbard 2004, S. 68 ff.; Mast 2013, S. 255) geklärt bzw. – soweit möglich – sinnstiftend harmonisiert werden (s. Rademacher 2009, S. 137). Diese Denk- und Handlungsmaxime hat Nikodemus Herger präzisiert: „Die Corporate Communications stabilisieren das Unternehmen im Prozess der Marktwandlungen und sie haben die Aufgabe, Orientierungsfaktoren zu schaffen, wie das Unternehmen zu positionieren ist und wohin es sich entwickeln soll“ (Herger 2005, S. 260). Und Ansgar Zerfaß ergänzt, dass Unternehmenskommunikation „alle Kommunikationsprozesse [umfasst], mit denen ein Beitrag zur Aufgabendefinition und -erfüllung in gewinnorientierten Wirtschaftseinheiten geleistet wird und die insbesondere zur internen und externen Handlungskoordination sowie Interessenklärung zwischen Unternehmen und ihren Bezugsgruppen (Stakeholdern) beitragen“ (Zerfaß 2007, S. 23). Definitionen dieser Art zu den Funktionsweisen moderner Unternehmenskommunikation – häufig auch in einer Mischung von Theoriedenken und Praxis-Insights[17] formuliert – lassen sich leichthin fortführen (s. Mast 2013, S. 7). Sie sollen aber an dieser Stelle nicht weiter aufgeführt werden.

---

[16]Zu den PR-spezifischen Leistungsmerkmalen und zur Positionierung der PR als Organisationsfunktion im strategischen Kommunikationsmanagement, insbesondere bei der auf Vertrauenspflege und Akzeptanzgenerierung angelegten, dialog-geprägten Beziehungsarbeit zu Stakeholdern in meinungsprägenden Unternehmensumfeldern vgl. Rademacher (2009, S. 134 ff.).

[17]Stellvertretend für die sich kontinuierlich vermehrende, auf Forschungs-, Erfahrungs- und Ratgeberwissen basierende Literatur zu Szenarien, Wirkungsverläufen, Grundgesetzlichkeiten und Teilbereichen der Unternehmenskommunikation sei auf Piwinger und Zerfaß (2007); Schmidt und Lyczek (2007); Rolke und Sass (2016) und – mit aktuellem PR-spezifischen Blick – Steinke (2015) verwiesen.

1.2.3 Beitrag der Kommunikation zur unternehmerischen Wertschöpfung

Bei allem Nachdenken über Auftrag, Zielrichtungen, Leitmotive und Methoden der Unternehmenskommunikation und der sie betreffenden Anpassungen, Veränderungen und Neujustierungen in der von digitalen Weltvermessungen und Social-Web-Kommunikationsarchitekturen geprägten Mediengesellschaft 2.0 ist indes bis dato eines unstrittig: Nämlich, dass eine effektive, adressatenorientierte Roadmap und Koordination von Kommunikationsprozessen einen **Beitrag zur unternehmerischen Wertschöpfung**[18] qua ökonomischem Erfolg leistet. Es gilt als gesichert, dass Kommunikation als Einflussgröße materielle wie immaterielle Werte generieren kann und infolgedessen auch „Kapitalcharakter" hat.

Indem sie einen substanziellen Beitrag zur Umsetzung von „Vision, Mission, Zielen und Strategien leisten" (Schick 2014, S. 9), sind unternehmenskommunikative Aktivitäten auf „den gesamten auf die Leistungserstellung des Unternehmens ausgerichteten Managementprozess" (Schmidt und Lyczek 2007, S. 26) bezogen. In dieser Deutungsrichtung wird Kommunikation zum Führungsinstrument und „zum strategischen Erfolgsfaktor für Unternehmen, da sie eine erfolgreiche Differenzierung vom Wettbewerb ermöglichen kann" (Bruhn 2015, S. 27). Das betrifft die Sicherung des Markterfolges von Produkten und/oder Dienstleistungen, die intentionale Unterstützung eines positiven Meinungsklimas für vertrauensfördernde und Akzeptanz bildende Reputationskonstruktionen in analogen und virtuellen Unternehmensradien – in externen wie internen Wirkungsbereichen (s. Schick 2014, S. 10 f.) gleichermaßen.

Die Fortune, d. h. Wachstum, Ertrag und Mobilisierungskraft eines Unternehmens in Markt und Gesellschaft, sind ja bekanntlich in hohem Maße abhängig von seiner öffentlichen **Positionierung,** glaubwürdigen Selbstdarstellung, Akzeptanz und Reputation (Einwiller 2014, S. 376 f.). Letztere wird interpretiert als „öffentlich vermittelte Form der Anerkennung" (Eisenegger 2005, S. 24) und kulminiert im „Reputationserwerb" mit seiner kommunikativen Definitions- und Deutungsmacht. Diese Referenzpunkte eines leistungsstarken Kommunikationssystems sind insgesamt das

[18]Zur Rolle der Kommunikation in der Wertschöpfungskette von Unternehmen s. u. a. Zerfaß (2004, S. 394 ff., 2007, S. 21 ff.); Mast (2013, S. 86 f.). Hinter der Wertschöpfungsargumentation steht auch die Forderung, dass Unternehmenskommunikation den Wertschöpfungsbeitrag ihrer Aktivitäten durch Kommunikationscontrolling nachweisen muss – vgl. dazu Besson (2003) und Piwinger und Porák (2005).

„Ergebnis kommunikativer Vermittlungsleistungen und Inszenierungen“ (Eisenegger 2005, S. 22). Sie konditionieren die Kommunikationsentscheidungen beim Werben um die erfolgskonditionierende **„licence to operate“** im dialog-disponierten „Relationship Management“ (Will 2007, S. 208 f.) mit relevanten Anspruchsgruppen/ Stakeholdern[19], die in meinungsbildenden Unternehmensumgebungen online wie offline kommunizieren. Dabei werden in einer „Outside-in-Perspektive“ (Bruhn 2000, S. 14) bewusst auch die Kommunikationsanliegen, Meinungen und Interessenlagen der adressierten Bezugsgruppen in die kommunikativen Planungsprozesse und Entscheidungsabläufe des Unternehmens mit einbezogen. Dies ist ein symmetrischer Prozess (vgl. Grunig und Hunt 1984, S. 22). Dieser wird forciert durch die Referenzialisierung von **Push- und Pull-Kommunikation** (vgl. Bruhn 2015, S. 32) in den vernetzten und resonanzstarken Kommunikationsarealen des Web 2.0 (Alpar und Blaschke 2008) und den sie prägenden Diskursverhältnissen der Social-Media-Systeme (Schindler und Liller 2011, S. 28 ff.).

1.3 Ausweitung der „Kampfzone“: Das Web 2.0 als reputationsgefährdender Diskursraum für Unternehmen

Eine mittlerweile weitere Binsenweisheit, die indes erwähnt werden muss, weil sie Folgen für gegenwärtige wie künftige Kommunikationsarbeit unter digitalen Bedingungen hat: Das Publikum im Unternehmenskontext wird immer fragmentierter, heterogener, in diversen Diskursrevieren und -ritualen libertär in vieldimensionaler „Kommunikationsdurchdringung“ (Herger 2004, S. 46) miteinander verbunden. Diese technologiegetriebene Entwicklung bietet fraglos Potenziale für das Themenmanagement von Unternehmen. Für diese bestehen **Chancen,** sich reichweitenstark am digitalen Diskurs zu beteiligen und aktiv reputationsfördernde Beziehungsvernetzungen zu relevanten Stakeholdern online zu pflegen (vgl. Peters 2011, S. 51 ff.). Dadurch können unternehmerische Handlungsspielräume, Bekanntheit, Akzeptanz, Markenpräsenzen und -images positiv beeinflusst werden.

---

[19]Zum Stakeholder-Begriff s. die klassische Definition von Freeman (2010, S. 25, 31); ebenso Grunig und Hunt (1984, S. 297); zur Stakeholder-Orientierung als Parameter des strategischen an internen/externen Teilöffentlichkeiten ausgerichteten Kommunikationsmanagements vgl. Kirf und Rolke (2002, S. 36 ff.); Röttger et al. (2014, S. 100 ff.); zum Ansatz des Stakeholder-Managements s. Karmasin (2005, S. 268 ff.), Lies (2015, S. 320 ff.); zur „360° Stakeholder-Exploration“ vgl. Ingenhoff und Röttger (2006, S. 343); zum Verfahren der Stakeholder- und Kommunikationsfeldanalyse s. a. Zerfaß (2004, S. 328 ff.).

Dennoch ist Vorsicht geboten: Das Web in seiner aktuellen Aggregationsstufe birgt gleichermaßen **Risiken** für negatives öffentliches Feedback auf Unternehmensbotschaften und eigeninitiierte Themenbesetzungen. Kein Ort ist in jeder Hinsicht so geschwätzig wie das Social Web. „Unternehmen haben es im Web 2.0 nicht mehr mit einem in sich abgeschlossenen Kommunikationsraum zu tun, sondern mit einem, in dem viele Beteiligte aktiv sind und Themen schnell wechseln können" (Mast 2013, S. 177). In den Regionen dieses „Supermarkts der Ideen" (Bolz 2007, S. 23) hat sich der klassische Dualismus von Sender und Nutzer von Kommunikationsofferten in eine Zirkularität verwandelt, in der nach Gusto Rollentausch gefördert wird. Jeder daran Beteiligte kann mit eigenen Online-Inszenierungen (Schindler und Liller 2011, S. 8 ff.) als Fürsprecher, aber auch als Kritiker von Unternehmen, ihren Strategien, Produktofferten und Services auftreten. Jene können als digital-basierte Nörgler und Lästerer in partizipativer Protestmanier leicht „Shitstorms"[20] provozieren und durch diese Web-induzierten Entrüstungsstürme die organisationale Reputation und Stabilität bedrohen. Das gilt auch für das neue Phänomen ausgedachter, manipulativ-gestreuter „Fake"-News: Falschmeldungen, die keine Entsprechung im „Real Life" haben und als solche in medienbezogenen Erfahrungswelten für die Rezipienten auf den ersten Blick nur schwer zu entlarven sind.

1.3.1 Digitale Oppositionskultur

In der Rolle selbst ernannter Regulierungs- und Kontrollinstanzen mustern und rezensieren die Meinungskonstrukteure 2.0 und ihre Follower ad libitum Unternehmensäußerungen sowie Transaktionen und taxieren sie als öffentlich zu verhandelnde Angelegenheit. Indem sie ihre Standpunkte und Kommentare für einen beliebig großen Empfängerkreis zugänglich produzieren, betreiben (digitale) **Themenlobbyisten** Agenda-Setting (Huck 2009) – global und in Echtzeit. Diese Inszenierungsprofis nutzen die „Medienöffentlichkeit prinzipiell als eine

[20]Zum Phänomen des „Shitstorms" und seinen spezifischen Eigenschaften bei der Formierung aktiver Teilöffentlichkeiten und der Wirkungsmacht ihrer Themensetzungen im Social Web s. a. Himmelreich und Einwiller (2015, S. 186 ff.): Unter einem Shitstorm verstehen sie eine kommunikative Situation, „in der sich innerhalb kurzer Zeit in den unterschiedlichsten Anwendungen des Social Webs eine große Menge an kritischen Kommentaren über eine Organisation oder Person verbreitet, wodurch die Reputation des angegriffenen Objekts gefährdet wird" (a. a. O., S. 189); vgl. dazu auch die Ausführungen von Steinke (2014a).

hochselektive Schaubühne mit spezifischen Zugangsbedingungen“ (Meyer 2001, S. 139). Nicht nur mit offenem Visier, sondern ebenfalls verdeckt mit der „Lust an Maskierungen“ (Geier 1999, S. 287).

Man muss nur gezielt das Netz durchstreifen, um markante Beispiele für diese Podeste digitaler Jakobiner und webbasierter Brandstifter auszumachen. Hinter ihren Diskurskonstruktionen können durchaus skandalisierungsorientierte Kommunikationsstrategien stecken. Deren Architekten beabsichtigen, Definitionshoheit über das von ihnen besetzte Thema zu generieren (vgl. Köhler 2008, S. 236 f.). Indem sie Einstellungen, Wirklichkeitsverständnis und Entscheidungsverhalten ihres jeweiligen Publikums beeinflussen, wollen sie auf Individual- und Gruppenebene Unterstützer für ihre Meinungen gewinnen. In der offenen Struktur des Mitmach-Web entsteht durch dieses Prozedere eine spezielle „Macht des Wir“[21] virtueller Gemeinschaften. Diese konstruieren eine kollektive Wissensordnung, in der viele durch die interaktive „Beteiligung an Kommunikation“ (Bolz 2007, S. 124) zu deren „Mitwissern“ und „Mitgestaltern“ werden. Zu **kritischen Gegenöffentlichkeiten** versammelt, können sie sozialen virtuellen Druck aufbauen, wenn Unternehmenstätigkeiten und Themenbesetzungen ins Zentrum spannungsgeladener Aufmerksamkeit geraten und in Web-Foren missbilligend diskutiert werden.

Dieser stimmungsmachende Meinungsaustausch hat zudem eine Ausstrahlungswirkung mit einem Priming-Effekt[22] in andere Mediensysteme hinein. Die **digitale Spezies moderner Spin Doctors** entscheidet als Taktgeber mit darüber, was als „aufschaukelungsfähiges“[23] Thema rezipiert und Rhizom-artig[24] popularisiert

[21]Der Trendforscher Wippermann hat dieses Phänomen der öffentlichkeitsbildenden Wissenskonstruktion – gekoppelt mit dem Begriff der „Schwarmintelligenz“ – beschrieben anlässlich des 10. Deutschen Trendtags (02.06.2005); Bolz spricht von der „Weisheit der Menge“ (2007, S. 142).

[22]Vgl. Rössler (2005, S. 369), der mit Blick auf den Priming-Effekt von medialen Thematisierungen aufzeigt, „dass die kognitive Repräsentation von Themenstrukturen zur Entwicklung eines Beurteilungsmaßstabs beiträgt, den das Individuum dann in konkreten Entscheidungssituationen zur Meinungsbildung einsetzt“.

[23]Mit Blick auf die Kommunikationsverhältnisse 2.0 hat P. Kruse das Spektakulum der „Resonanzaufschaukelung“ kommentiert: „(…) wir haben tatsächlich die Situation, wo wir permanent mit der Möglichkeit der Aufschaukelung rechnen können und damit in einer ganz anderen Grundsituation von Kommunikation sind“. (s. Endert 2010); zum Phänomen der „Aufschaukelung“ – insbesondere in der Blogosphäre – s. a. Sunstein (2009, S. 223).

[24]Vgl. das Denkmodell von Deleuze und Guattari (1977, S. 11 ff.), denen „Rhizom“ als Metapher für ein Modell der Wissensorganisation und Weltbeschreibung dient. Dieses Konzept hat auch die die moderne Medientheorie beeinflusst, die die Rhizom-Chiffre geeignet sieht, um Strukturen und Systembildung von sozialen Netzwerken im Web zu beschreiben.

wird: z. B., indem sie einen eigenen Blog betreiben, sich als Trolle in Web-Diskurse einschleichen, ein selbst produziertes Video live auf YouTube stellen oder auf Instagram für ihre Communities sichtbar Fotos posten. Es sind vor allem Bilder, die unser Denken, Fühlen und Handeln steuern. Mit solchen bewussten Aktivitäten wird eine figurative, parasoziale Beteiligung am öffentlichen Kommunikationsprozess bewerkstelligt. Die Cyber-Reporter werden mit dem von ihnen generierten Content selbst konstitutiver Teil der Medienwelt – frei vom Nachweis journalistischer Professionalität, unkontrolliert und unzensiert im virtuellen Habitat.

Und das Netz vergisst bekanntlich nichts. Die **digitalen Archive** speisen das kollektive Nutzergedächtnis mit Content. Als Push- und Pull-Technologie hat das Web eine „Mnemo"-Technik[25] etabliert. Was einmal veröffentlicht wird, ist persistent, für jedermann jederzeit zugänglich und rezipierbar. Durch diese ewige Dokumentenlage können Themen wiederkehren, die auch für Unternehmenskommunikatoren längst abgehakt sind, bis ein „Netzaktivist" sich ihrer wieder annimmt, sie publizistisch „hochkocht" und dadurch wiederum andere Player auf den Plan rufen kann. Folglich wird das Social Web, im Zuge der veränderten Diskussions- und Darstellungskultur, zunehmend zum Aggregator von Gerüchten, Legenden, Vorwürfen und Verdächtigungen. Mutmaßliche und faktische **Skandale** befeuern sich gegenseitig. Sie werden eifrig rezipiert von Medienkonsumenten, die kaum noch unterscheiden können „zwischen ferner Medien- und eigener Erfahrungsrealität" (Köhler 2006, S. 46)[26].

1.3.2 Wachsender Kommunikationsdruck durch mediale Skandalgewitter

So herrscht bei den „Stakeholdern der Mediengesellschaft" (Merten 2014, S. 58) eine gesteigerte **Sensibilität für kritische Themensettings,** die häufig Resultat gezielt populistischer Stimmungsmache sind. Durch das Mobilisierungspotenzial

[25]Mit „Mnemotechniken" (mneme = gr. Gedächtnis, Erinnerung) bezeichnet man Verfahren, mit deren Hilfe Informationen verarbeitet und organisiert werden, um später wieder leichter verfügbar zu sein.

[26]Die von Merten (2001, S. 43) seinerzeit pointierte, die Mediengesellschaft bestimmende Durchdringung von gesellschaftlicher und medialer Realität hat Bolz verdichtet: „Deshalb ist es aber für eine moderne Kultur charakteristisch, dass Kommunikationswahrnehmung immer mehr an die Stelle der Weltwahrnehmung tritt. (...) Was sich heute der Wahrnehmung überhaupt darbietet, ist immer schon durch den Filter der Medien gegangen" (Bolz 2007, S. 123; s. a. a. a. O., S. 48).

des „öffentlichen Drucks"[27] wird auch der **Kommunikationsdruck** und damit korrelierende Handlungszwang auf betroffene Unternehmen und ihre Repräsentanten erhöht. Verkündete Einzelmeinungen erlangen schnell durch Akklamation vermeintlich „objektiven" Status. In diesem Zusammenhang formieren sich leicht vielstimmige, interaktiv-koalierende Online-Gegenöffentlichkeiten[28] mit hoher Kommunikationsautonomie. Diese sind nicht nur von unternehmensexterner Provenienz, sondern können auch von (unzufriedenen Ex-) Mitarbeitern und Führungskräften eines Unternehmens gebildet werden, z. B., wenn sie ihre (Unmuts-) Meinungen über die Arbeitgebermarke im Web auf speziellen Bewertungsplattformen – wie „kununu" – bekunden. Derartige selbst organisierte Gemeinschaften von Gleichgesinnten („Peers") gruppieren sich um ein gemeinsames Anliegen („Issue", s. Liebl 2003, S. 62 f.; Röttger 2001, S. 17 ff. und Bentele und Rutsch 2001, S. 141 ff.), das sie miteinander verbindet und das sie artikulieren möchten. Dadurch können sie Unternehmen Debatten mit hohem (sozialen, politischen und/oder ökonomischen) **skandalförderndem Eskalations-** und **Sanktionspotenzial** aufdrängen.

„Ein Unternehmen, das in einem solchen Fall nicht oder zu spät reagiert, weil es die Kritik nicht wahrnimmt, riskiert die epidemische Ausbreitung negativer Mundpropaganda" (Fiege 2012, S. 65). Gekoppelt mit spektakulären Aktionen, die aus dem Web hinaus in den „realen Kommunikationsraum"[29] reichen, werden weitere Unterstützerkreise mobilisiert. Online-Protest-Maßnahmen zur Formierung, Artikulation und Durchsetzung spezieller Anliegen reichen vom Betrieb eigener

---

[27]Köhler (2006, S. 62), wobei feststeht, dass „die Mobilisierung öffentlichen Drucks stets auch als Medienkommunikation bzw. Medienereignis geplant ist, um Multiplikations- und Publizitätseffekte der Massenmedien sowie die emotionale Suggestivkraft audiovisueller Massenmedien zu nutzen" (a. a. O., S. 62 f.).

[28]Zum Phänomen der Konstituierung von speziellen Öffentlichkeitsformen durch Virtualisierung und zum Begriff der „Gegenöffentlichkeit" und ihren Möglichkeiten der „digitalen und virtuellen Kommunikation" s. Ludwig (1998, S. 180); zur Beschreibung der „Gegenöffentlichkeiten 2.0" s. Wimmer (2008, S. 210 ff.).

[29]Prototypisch für die kommunikative Vehemenz und Mobilisierungsmacht solidarisierter Unmutsäußerungen von Interessengruppen und ihrer Anhängerschaften in den Kommunikationsverhältnissen 2.0 steht die Anti-Nestlé-Kitkat-Kampagne von Greenpeace aus dem Jahr 2010. Greenpeace hat Nestlé – nicht ohne deren sie selbst bloßstellende krisenkommunikative Dilettanz – im Kommunikationsmix nicht nur auf YouTube und Facebook, sondern auch in der Kombination mit klassischen Medien und besonderen Aktionen in die Bredouille gebracht (u. a. mit Boykottaufrufen und Störaktionen vor der Unternehmenszentrale) – s. dazu u. a. den Spiegel-Online Artikel von T. Hillenbrand 2010.

Blogs, der Durchführung digitaler Unterschriftensammlungen bis hin zur Gestaltung spezieller Websites. So können sich z. B. zunächst harmlos erscheinende Kundenbeschwerden in der Kommunikationsverdichtung als „negativ"-kampagnenfähig erweisen und in der Verbreitungskonsequenz durch vertrauensschädigende Stimmungsmache die Reputation des Empörungsobjekts beschädigen. Stimuliert durch Interpretationsverzerrungen und Spekulationen kann der mediengestützte Kommunikationsmix die öffentliche Themendiskussion (weiter) anheizen. Die **Kommunikationsdynamik des Social-Media-Gezwitschers** wirkt dabei als Brandbeschleuniger bei der Verbreitung von Problemthemen. Diese Ausbreitungsmechanik in Form eines „Diskursfunkenflugs" ist Resultat des viralen Effekts.

1.3.3 Das digitale Argus-Syndrom: Unternehmen unter verstärkter krisenfördernder Beobachtung

Die generelle Skandalisierungsdisposition von Unternehmen und die damit einhergehende **„Skandalisierungszunahme"** (Eisenegger 2005, S. 68 f.)[30] durch publizistisches Alarmschlagen und die Zuspitzung „in der journalistischen Aufbereitung von Skandalen" (Ludwig und Schierl 2016, S. 17) ist eine hervorstechende Eigenheit der Mediengesellschaft 2.0. Skandale münden durch eine „öffentliche Rekursivität der Themenbehandlung" (Luhmann 1996, S. 28) schnell in Krisenlagen. Die Digitalsphäre hat sich durch ihre publizitätsfördernde Diskursivität zu einem „Eskalationstreiber" (Kirf 2015, S. 19) entwickelt. Negativer Folgeeffekt: Im Social-Media-Interaktionskontext steigt die Konfliktdisposition und **„Krisenanfälligkeit"** (Köhler 2006, S. 15) von Unternehmen als „öffentlich exponierte Organisationen" (Dyllick 1992, S. 15). „Die sozialen Netzwerke haben für das Skandalpublikum neue Möglichkeiten geschaffen, ihrer Empörung öffentlich Luft zu verschaffen" (Eisenegger 2016, S. 48). Je exponierter Unternehmen und ihre Vertreter im Beobachtungsfokus von (digital-) medialisierten Öffentlichkeiten erscheinen, desto größer ist für sie das Risiko, selbst ins Rampenlicht resonanzstarker kritischer Interpretationen – und nicht nur von Web-Skandaleuren – sowie krisen-verursachender **Themenkarrieren** zu geraten. Denn die **etablierten Massenmedien** sind in ihrer Rolle als Meinungsmacher für publikumsattraktive Themen selbst Profiteure dieser Entwicklung.

[30] Zur Tendenz und Dynamik (reputationsgefährdender) „Skandalisierung(srisiken)" im ausdifferenzierten Mediensystem s. a. Eisenegger (2005, S. 62 f.), Ingenhoff und Röttger (2006, S. 321), Herger (2004, S. 14), Köhler (2008, S. 235 ff.), Thießen (2011, S. 109 f.).

In ihrer „Skandalkommunikation" (Ludwig und Schierl 2016, S. 23) greifen sie gerne für das eigene vermarktungsfähige Storytelling im Web inszenierte und kursierende Vorfälle auf (s. Alpar und Blaschke 2008, S. 6). Durch diesen Transferprozess im Rahmen der medialen „Skandalbewirtschaftung" (Eisenegger 2016, S. 47) wird deren Wirkungsspanne im „fröhlichen Medienmix" (Bolz 2007, S. 33) mittels tendenziöser Berichterstattung für ein großes Publikum dynamisiert und verlängert. Dieser **Spill-Over-Effekt** (Himmelreich und Einwiller 2015, S. 190) führt häufig zu „medieninduzierten Reputationsschäden" (Eisenegger 2005, S. 71) für betroffene Unternehmen. Die Einsicht, dass sich rufbedrohende Reputationsblessuren „auf den Handlungsspielraum bzw. die Zielerreichung von Organisationen auswirken" (Schwarz 2010, S. 13), ist Common Sense in der Krisenkommunikationsforschung und ihren praxisorientierten Lektionen[31]. In den geschilderten konfliktiven Kontexten ist eine Kommunikation gefordert, die auf diese Szenarien vorbereitet ist bzw. darauf eingeht. Somit ist **Krisenkommunikation** zum elementaren Teilbereich des modernen Kommunikationsmanagements von Unternehmen avanciert.

1.4 Krisenkommunikation (digital) reloaded: Parameter, Erfordernisse, Arrangements und Perspektiven

Verstärkt durch webinszenierte, konfliktive Vorfälle (vgl. Köhler 2008, S. 235 f.) mündet das geschilderte „Exponiert-Sein" von Unternehmen in der vernetzten Mediengesellschaft in öffentlichen Darstellungs- und Erklärungszwängen. Das hat zugleich Konsequenzen für das **Krisenkommunikationsmanagement in digitalen Zeiten.** Dessen Konzepte und Strategien haben sich durch die Akzeptanz- und Nutzungsbreite des Social Web verändert. Den in dieser Diskurssphäre

[31]Es gibt viele Arbeiten zu den kommunikativen Risiken und Gefahren in der Mediengesellschaft, die ihrerseits schnell in Krisensituationen münden können und eine daraufhin abzielende Krisenkommunikation einfordern. Die Durchsicht der publizierten Debatte zeigt, dass dieses Themenfeld medien- und kommunikationswissenschaftliche sowie praxisorientierte Beachtung findet: Vgl. u. a. Köhler (2006), Nolting und Thießen (2008), Schwarz (2010, S. 68 ff.), Thießen (2011), Steinke (2014b), Kirf (2015), Möhrle (2016). Trotz des gesicherten Reflexionswissens ist die strategisch geplante Begegnung von Krisensituationen in der Kommunikationspraxis von Unternehmen noch häufig unterbelichtet bzw. verbesserungsbedürftig. Das betrifft insbesondere die (Krisenkommunikations-)Prävention, d. h. das geplante und eingeübte Vorbereitet-Sein auf den adäquaten (kommunikativen) Umgang mit (potenziellen) Problemlagen.

vorherrschenden Strukturen, Spielfeldern und Spielregeln müssen sich Unternehmen mit ihren B2B- und B2C-Kommunikationsauftritten anpassen, um eigene Themen und Botschaften möglichst aufmerksamkeitsstark und für die Adressaten akzeptabel zu platzieren. Und das gilt selbstverständlich nicht nur in Krisensituationen, sondern auch für die Regelkommunikation!

1.4.1 Leitwerte gelingender Social-Media-Kommunikation

Damit dieser Adaptionsprozess erfolgreich ist, sind spezifische **„Web-2.0-Prinzipien“** (Back et al. 2009, S. 6) in der Kommunikationsarbeit zu beachten (vgl. Kirf 2015, S. 53 ff.):

- Aktiv an unternehmensrelevanten Social-Web-Diskursen partizipieren
- Influencer und deren „Stakes“ identifizieren und diese gezielt ansprechen
- Authentisch und offen auftreten
- Den Diskurspartnern zuhören, schnelle Reaktionsfähigkeit durch Feedback dokumentieren, dieses selbstreflexiv annehmen und zur direkten, interpersonalen Anschlusskommunikation nutzen
- Im Community-Management glaubwürdig Dialogbereitschaft demonstrieren
- Im Unternehmen eine Social Media Policy verankern und praktizieren
- Konsequent Social-Media- und Issues-Monitoring betreiben.

Die Anwendung dieser Prinzipien ist auch deshalb wichtig, weil immer mehr – auch krisenverursachende – Themenkarrieren im Internet ihren Ausgangpunkt nehmen. In dessen diskurs-dynamischer Ausprägung werden öffentliche Wahrnehmungen, Meinungsbildungen und Kommunikationssteuerungen vor, in und nach Krisensituationen maßgeblich beeinflusst. Angesichts dieser Risikopotenzierung ist für Unternehmen die Installierung eines zeitgemäßen **(Social-) Web-tauglichen Krisenkommunikationssystems** relevant. Dessen Organisation zeichnet sich aus durch ständige Umfeld-Beobachtung, schnelle Reaktionsfähigkeit, „permanente Verfügbarkeit rund um die Uhr“ (Herger 2004, S. 43), Dialogbereitschaft und Transparenz in den Diskursen mit allen relevanten Stakeholder-Gruppen sowohl in virtuellen, digital-vernetzten Zonen als auch in Realzeit- und Realraum-Regionen.

1.4.2 Transformation des Krisenkommunikationsmanagements

Der auf Unternehmen einwirkende Thematisierungsdruck hat sich zugespitzt, mit Folgen für deren Kommunikationsverhalten und Antwortstrategien in Problemlagen: Durch die Veröffentlichungsdynamik von Zu-Wort-Meldungen, Kommentaren und Beurteilungen im Social Web wird eine dringliche Zielsetzung der Krisenkommunikation, nämlich die Mitgestaltung der öffentlichen Informations- und Deutungsprozesse, erschwert. Diese sollen Unternehmen als Absender von fallbezogenen Botschaften in die Lage versetzen, initiativ medial zu agieren bzw. kommunikativ zu intervenieren statt bloß zu reagieren. Mit dem bereits beschriebenen „Strukturwandel der Öffentlichkeit" in den speziellen Diskursverhältnissen der Mediengesellschaft 2.0 korrespondiert zwingend ein Strukturwandel der Krisenkommunikation als Kernelement strategischer Unternehmenskommunikation. Es ist eine Re-Allokation und Neujustierung der Instrumente, Konzepte und Systeme des Krisenkommunikationsmanagements gefordert. Denn wenn dieses nicht professionell gehandelt wird und letzthin aufgrund kommunikativer Fehlleistungen nicht auf eine Versachlichung und End-Dramatisierung von öffentlichen, medial-induzierten Ereignisdebatten einzahlt, kann ein solcher Lapsus Krisenverläufe intensivieren. Denn „Krisen werden in der Mediengesellschaft 2.0 prinzipiell so wahrgenommen, wie sie (medial) kommuniziert, konsumiert bzw. interpretiert werden" (Kirf 2015, S. 13).

1.4.3 Kommunikation in Krisenlagen verlangt Parkettsicherheit

Krisenkommunikation muss sich sowohl in den virtuellen wie realen Welten der Unternehmenspublika „parkettsicher" bewegen. Wenn Kommunikationsverantwortliche aber in Konfliktszenarien und Krisensituationen insbesondere **2.0-Öffentlichkeiten**[32] in ihren speziellen Akteurskonstellationen effektiv ansprechen und erreichen wollen, sollten sie deren kommunikative Routinen, Diskursmanieren und Mediennutzungsverhalten kennen. Berufskommunikatoren müssen verstehen, wie Themensetting und Meinungsbildungsprozesse online funktionieren und wo welche medialen Wirkungszusammenhänge bestehen. Sie müssen

[32]Zerfaß (2004, S. 422) spricht in diesem Kontext von „virtuellen Bezugsgruppen", die er den „publics" i. S. der Darstellung von Grunig und Hunt (1984, S. 144) zuordnet.

wissen, auf welche Weise Problemlösungsstrategien und Kommunikationsangebote am besten formuliert und implementiert werden, um sich an Social-Web-Diskursen akzeptabel und plausibel beteiligen zu können: D. h., sie müssen mit den spezifischen Kommunikationserwartungen, -interessen und Rollenbesetzungen digital in Beziehung stehender Stakeholder vertraut sein, diese in die Einflusssphäre des eigenen (Krisen-)Kommunikationsarrangements integrieren und für dessen Konzeption die partizipatorische Architektur des Web 2.0 nutzen. Dieser ganzheitliche, inhaltliche wie formale **Anpassungsprozess** in der Gestaltung virtueller Kommunikationsbeziehungen bedeutet auch Kenntnis darüber zu haben, wer sich wie auf Facebook, Instagram, Snapchat in welchen Themenkontexten, mit welchem Tenor zu Unternehmen, ihren Aktionsfeldern und darin handelnden Protagonisten kritisch äußert. Diese „Kommunikationsraumüberwachung" bedeutet in der Konsequenz: PR- und Marketing-Verantwortliche müssen – falls sie es noch nicht sind – als Experten für digital vernetzte Kommunikation agieren. Dabei sollten sie das (Social) **Web 2.0** auch als ein **(digitales) Frühwarnsystem** für „Problemthemen", sogenannte „Issues", nutzen.

Zur Operationalisierung dieser Agenda haben **Issues Monitoring** und **Social-Media-Monitoring** (s. Ingenhoff und Röttger 2006, S. 322 ff.) zur Registrierung von Bedrohungspotenzialen einen hohen Stellenwert. In Ergänzung zum reinen Web-Monitoring zielt Social-Media-Monitoring „(…) auf die Identifikation, Beobachtung und Analyse benutzergenerierter Inhalte" (Peters 2011, S. 173) und die Auswertung von Big Data – möglichst in Echtzeit. In Kombination mit Social-Media-Management-Tools beeinflusst die darauf bezogene Kommunikationskonfiguration eine effektive **Krisenprävention** und die Umsetzung damit korrelierender Bewältigungsstrategien. Der Fokus liegt dabei auf Scanning, Analyse und Handling der kommunikativen Einflussgrößen, Konturen und Tendenzen von Diskontinuitäten und ihren Thematisierungen bei Stakeholdern in Unternehmensumfeldern (s. Kirf 2015, S. 44 f.).

Ziel dieses insbesondere auf digitale Konversationen (z. B. in Form von Social Signs, Kommentaren, Web Page Impressions) bezogenen **Profilings** (s. Fiege 2012, S. 65) ist es, „krisenhafte Sachverhalte frühzeitig zu antizipieren, um entweder das Thema selbst zu besetzen und damit die Diskussion mitzugestalten oder um organisationspolitische Entscheidungen zu ändern, um Konflikten auszuweichen" (Köhler 2006, S. 86). Die Konsequenz: Bei zunehmender Digitalisierung braucht qualitativ-quantitatives **Kommunikationscontrolling** „eine neue Aggregationsstufe" (Kirf und Eicke 2016, S. 20) (s. Abb. 1.1).

Es ist ständige Evaluation in relevanten Kanälen und eine darauf ausgerichtete situationsadäquate Anpassung von Kommunikationsaktivitäten geboten – z. B. durch SEO. Und das betrifft nicht nur die Erhebung von Klickzahlen und Verlinkungen,

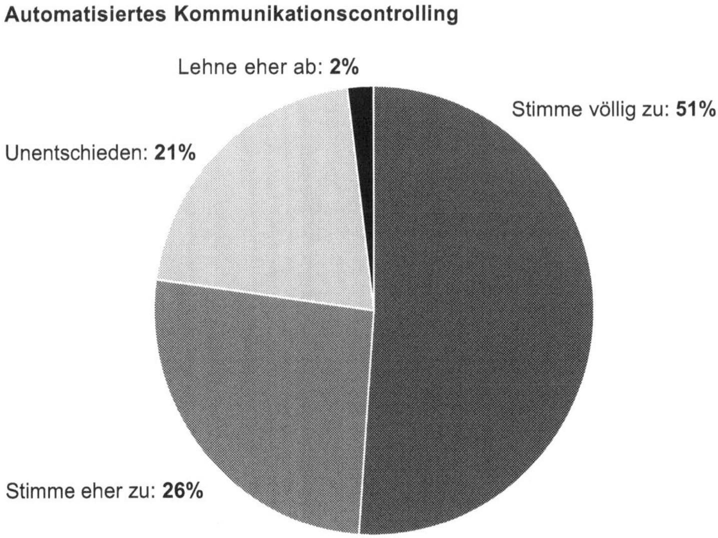

Abb. 1.1 Kommunikationscontrolling wird künftig Kommunikationsmaßnahmen durch automatisiertes Omni-Channel-Monitoring quantitativ wie qualitativ bewerten. (s. Kirf und Eicke 2016, S. 21)

sondern auch die Messung, differenzierte Interpretation und Therapie der in digitalen Diskursräumen dokumentierten Meinungsbilder. Und ohne dass diese auf die simple Dichotomie zwischen „stimme zu" oder „stimme nicht zu" reduziert werden.

1.4.4 Dialogpotenziale aktiv nutzen

Nicht allein auf Krisenkonstellationen beschränkt müssen PR-Manager und Marketers ausmachen, wo sich im Netzkontakt durch eigeninitiierte Plattformen wie Corporate-Twitter-Accounts oder selbst verfasste Corporate-Blogs unternehmensintern und -extern Anlässe zur aktiven **Community-Bildung** sowie **Dialogchancen** mit wichtigen Adressatenkreisen anbieten. Gemäß dem Grundsatz: Wer „im offenen Austausch der Meinungen" (Back et al. 2009, S. 93) mitmacht, gewinnt. Dabei ist nicht nur „Schönwetterkommunikation" ein Anlass, um Beziehungen lebendig und zielsicher zu pflegen. Auch missliche Fragen aus Communities müssen zugelassen werden, dabei Mut zur Selbstkritik bewiesen, Feedback und geforderte Klarstellungen gegeben werden, eigene Standpunkte glaubwürdig vertreten, auf kommunikative Dissonanzen eingegangen und Wissensdefizite durch nutzergerechte Aufbereitung von Content nivelliert werden. Dieses genuin deeskalierende, verständigungsorientierte Vorgehen ist auf **Vertrauensbildung** angelegt (s. Thießen 2011, S. 115) und hat obendrein positiven Symbolcharakter.

Fest steht: In seiner dialogorientierten **Kommunikationsfähigkeit** dokumentiert ein Unternehmen auch seine **Beziehungsfähigkeit** sowohl in heterogenen, digital vernetzten Diskursarenen als auch bei klassisch linearen Kommunikationsanlässen. Für die funktionierende Kommunikationssteuerung ist dabei prinzipiell auf eine „Balance zwischen Differenzierung und Integration" (Herger 2004, S. 48) zu achten.

1.4.5 Be prepared: Krisen müssen zur Routine werden

Doch wenn Kommunikationsmanager kaum oder nicht allzu viel Ahnung haben, wie das von ihnen repräsentierte Unternehmen, seine Marken/Produkte und/oder Dienstleistungen – im Guten ebenso wie Image gefährdend – in digitalen wie auch realen Räumen eingeschätzt und bewertet werden, haben sie ein Problem. Ihnen fehlen dann Möglichkeiten der direkten kommunikativen Partizipation und Klärung i. S. von Agenda-Building in Thematisierungsprozessen und damit korrelierenden Argumentationsmustern und Debatten. Damit das funktioniert, müssen alle Kommunikationsdelegierten effektive Frühwarnsysteme als Prognose- und Diagnoseplattformen installieren und nutzen. Und zwar mit dem Ziel, „krisenhafte Sachverhalte frühzeitig zu antizipieren, um entweder das Thema selbst zu besetzen und damit die Diskussion mitzugestalten oder um organisationspolitische Entscheidungen zu ändern, um Konflikten auszuweichen" (Köhler 2006, S. 86). Gleichfalls sind Kommunikatoren jedoch angehalten, ihre Medienkompetenz laufend zu überprüfen, um im Netz-Diskurs überzeugend auftreten und dabei verständigungsbezogen mitwirken zu können. Diese Praktik sollte vorzugsweise crossmedial-integrativ angelegt sein, in der Verzahnung von monodirektionaler Informationsvermittlung und bidirektionaler Dialoginitiierung.

Zudem sollte für Kommunikationsbeauftragte mit Blick auf lauernde Bedrohungsszenerien generell gelten: Das „Antizipieren und Einüben der Prozesssteuerung von unternehmensrelevanten Krisenszenarien" (Kirf 2015, S. 56) sowie die Abwägung von Strategien und Maßnahmen zu ihrer kommunikativen Bewältigung sollten in jeder Krisenkommunikationsplanung fixiert sein. In der digitalen Ära müssen sowohl **Krisenprophylaxe** als auch professionelle **Krisenbewältigung** im Ranking der unternehmenskommunikativen Pflichtübungen ganz oben stehen. Für Unternehmen und ihre designierten Krisenakteure ist es obligatorisch, dass sie jederzeit und in jeder Hinsicht für brenzlige Situationen und die mit ihnen korrelierenden Kommunikationsbedingungen instrumentell und methodisch optimal gerüstet sind (vgl. Thießen 2011, S. 90). D. h.: Krisenkommunikation ist infrastrukturell und handlungsorientiert in Organisationsabläufe zu integrieren (vgl. Möhrle 2016, S. 177 ff.). Neben speziellen Notfalltrainings und der Erstellung sowie regelmäßigen Aktualisierung von Krisenkommunikationsleitfäden gehört zum Interventionsinventar zudem die mentale Orientierung durch das ständige Denken des Undenkbaren. Krisen müssen zur **kommunikativen Routine** werden, denn sie „sind (…) nicht ein Notfall (…), sondern ein Regelfall für potenziell jede Organisation in der Mediengesellschaft" (Mast 2008, S. 104). Und deshalb entschuldigen sie weder in digitalen noch analogen Weltverläufen Kommunikationsdefizite.

1.5 Keine Firewall für Reputationsverluste: Konstruktionsarbeit an Reputation ist Kardinaltugend der Unternehmenskommunikation

Die Einsicht aus dem vorab Gesagten mutet für den kundigen Leser eigentlich schon trivial an: Unternehmen müssen sich damit abfinden, dass man im Social Web über sie kommuniziert und dabei – je nach Darstellungsart – auch konfliktfördernde Diskurse initiiert werden können. Durch diese Verknüpfung kann **Reputation als zentraler Unternehmenswert** und Faktor für den Unternehmenserfolg beeinträchtigt und durch **Akzeptanzbelastungen** und **Vertrauensverluste** bei Anspruchsgruppen in der Unternehmensumwelt im schlimmsten Fall ruiniert werden. Als fragile (Vertrauensbildungs-)Ressource und „Differenzierungskriterium" (Peters 2011, S. 63) ist Reputation in der kommunikationsgesteuerten Mediengesellschaft 2.0 noch „verletzlicher und schutzbedürftiger" (Eisenegger 2005, S. 13) geworden. So wird mit Blick auf die Erfolgstreiber Glaubwürdigkeit und Vertrauen die „Vertrauensfrage (…) für das kommunikative Handeln der Akteure zur wesentlichen Voraussetzung, um Anschlusskommunikation in den Märkten und der Öffentlichkeit zu erhalten" (Herger 2004, S. 29). Es besteht bekanntlich eine Interdependenz zwischen Reputation und Vertrauen: **Reputation und Vertrauen** sind zwei Seiten eines öffentlichen Anerkennungsprozesses. Gerade für das Gelingen von Kommunikation – nicht nur in schwierigen Zeiten – ist die Einsicht virulent, dass erfüllte Erwartungen von unternehmensrelevanten Anspruchsgruppen Vertrauen produzieren und Vertrauen wiederum Reputationskonstruktion fördert. Sollte dieser Mechanismus nicht funktionieren, droht Vertrauensverlust. Ein Manko, das sich zurückführen lässt „auf eine Ermangelung hoher Vertrauenswerte (…), deren zentrale Ursache wiederum auf kommunikative Diskrepanzen in der Aussagengestaltung von Personen bzw. Unternehmen zurückzuführen" ist (Köhler 2006, S. 118). Und einmal verloren gegangenes Vertrauen in die Beziehungsgestaltung zu wichtigen Stakeholdern wiederherzustellen, ist bekanntlich ein schwieriges Unterfangen. Und kostet viel Zeit, Geld und Mühe!

Folglich ist **vertrauensbildendes Reputationsmanagement** (s. Peters 2011, S. 66 ff.), auch schon vor aufkommenden Problemkonstellationen in konzeptionell-strategischer Ausrichtung konsequent präventiv praktiziert, kein kommunikativer Luxus. Vielmehr zählt es zur notwendigen Apparatur des unternehmenseigenen Handlungs- und Kommunikationsmanagements in der Mediengesellschaft 2.0 mit ihren netzverdichteten Diskurssimulationen und Transformationsprozeduren. Mit gutem Grund: Denn hinsichtlich „seiner Reputation kann ein Unternehmen oder eine Führungskraft kommunikativen Einfluss ausüben und damit auch jenseits ökonomischer und hierarchischer Stellgrößen (Geld, formale Macht) etwas bewegen" (Zerfaß 2006, S. 458 f.). Und umgekehrt: Steigendes Misstrauen – und damit einhergehend Akzeptanzschwund, Glaubwürdigkeitsdefizite, Vertrauenseinbußen sowie daraus resultierende Reputationsdellen – können zum Entzug des für den Unternehmenserfolg notwendigen „Goodwill" bei den Bezugsgruppen führen.

1.5.1 Reputationsförderndes Themenmanagement

Das hat sich auch im Aktionsradius der digitalen Transformation von Informations-, Kommunikations- und Transaktionsprozessen nicht grundlegend geändert. Unternehmenstätigkeit vollzieht sich nach wie vor als dynamische soziale Integration und kommunikative Interaktion in Ansprache und Dialog mit verschiedenen Stakeholdern. Daher sind die darauf justierten Instrumente, Kanäle und Erscheinungsweisen der Unternehmenskommunikation als informations- und dialogorientierte Dienstleistung auf medialer, aktionaler und personaler Ebene vielfältig, um die für ein Unternehmen erfolgswirksame Kontaktfähigkeit in seinen Umwelten zu sichern: Dies schließt ein: regelmäßige Führungskräfte- und Mitarbeiterinformationen in unternehmensinterner Kommunikationsrichtung, medienzentriertes Themenmanagement in der PR-Arbeit, die Lancierung von crossmedialen, Produkt-vermarktenden, disruptiv-angelegten B2C-Werbekampagnen (Dru 2007, S. 41 ff.), Employer-Branding-Platzierungen auf Facebook sowie dialog-orientierte Web-Anwendungen.

Unternehmensbotschaften müssen in durchsetzungsfähigen, aufmerksamkeitsstarken, adressatengerechten **Leitthemen im Storytelling**[33] auf allen Kanälen – digital (s. Herbst und Musiolik 2016) wie konventionell aufbereitet – verankert werden. Dabei gilt gerade für die digitale Spezifik von Kommunikationsformen das Motto: „Technology moves Content". Die wachsende Verfügbarkeit und der Austausch von Informationen und Nachrichten im Web bedeutet gleichzeitig eine verstärkte **Konkurrenz um die Kanalisierung und Lenkung der Aufmerksamkeit und Wahrnehmung der adressierten Publika** auf eigene Online-Themenpräsenzen und beeinflusst Kommunikationsstrategien. Um diese für ein medientaugliches Agenda-Setting zielgenau nutzbar zu machen, ist ein wirkungsorientiertes **Content-Marketing** und **Themenmanagement** als integraler Bestandteil erfolgreicher Kommunikationsarbeit in allen vier Disziplinen (PR, HR etc.) obligatorisch. Die Strategierelevanz setzt einen analytischen Umgang mit Inhalten voraus. Im Zuge einer **Content-Strategie** ist zu eruieren, welche Themen und Botschaften überhaupt publizistischen Erfolg haben, differenziert bzw. flächendeckend und teilbar den Adressaten über „Earned", „Owned" und/oder „Paid Media" zu vermitteln sind und dadurch zur Reputationsbildung beitragen können. Und das in möglichst eindeutig zielgerichteter, nachvollziehbar-relevanter („Vermarktungs-")[34] Manier, ohne interpretative Ambiguität zu provozieren. „Dabei bietet es sich an, die Themen hinsichtlich ihrer Reifephase, ihres Konkretisierungsgrades, ihrer Dringlichkeit und ihrer Dominanz zu beurteilen (…)" (Zerfaß 2004, S. 355).

Themen, die für Unternehmenspublika Aktualitätsbezug und einen konkreten Bezug zum unternehmerischen Kerngeschäft haben, die erörterungs- bzw. lösungsbedürftig sind, müssen identifiziert, nach Referenzebenen und „aktuellen und potenziellen Vernetzungen" (Liebl 2000, S. 135) analysiert sowie im Hinblick auf ihre künftige Entwicklung und prognostizierbare Wirkung in

[33]Zum Storytelling s. auch die immer noch spannend zu lesenden, strukturalistisch-inspirierten Gedankengänge zu Historie und Spezifika des Erzählens von Barthes (Barthes 1988, S. 102 ff.); zum Storytelling-Prinzip im strategischen Kommunikationsmanagement s. Rademacher (2009, S. 158 f.) und Mast (2013, S. 53 ff.). Storytelling lässt sich als dialogbasiertes Verfahren klassifizieren; s. dazu auch die Definition von Frenzel et al. (2004, S. 76): „Storytelling ist immer und von Anfang an eine dialogische Methode. Im Wechselspiel zwischen Erzählen und Zuhören, zwischen Weitererzählen und Mitdenken, zwischen Deuten und Weiterdenken der Geschichten und ihrer Botschaften …". Ein Überblick über die wichtigsten Storytelling-Definitionen liefert Schmieja (2014, S. 38 f.).

[34]Content-Marketing ist als Querschnittsthema und Integrationsdisziplin inhaltlich wie strategisch an der Schnittstelle von PR, Marketing und Corporate Publishing angesiedelt.

Kommunikationsprozessen taxiert werden. **Themenselektion** und **Content-Fokussierung** sind relevant, um **Anschlusskommunikation** und **Anschlusshandeln** bei adressierten Stakeholdern zu erzielen. Dieses Thematisierungskalkül, das auf Aufmerksamkeitssteuerung in analog- und digital-verorteten Meinungsbildungskontexten angelegt ist, ist Teil der Mechanik reüssierender Storytelling-Präsenzen im Kommunikationswettbewerb von Unternehmen. Dabei sind – je nach Themenstellung, Zielen, Wirkungsabsichten und Adressatenkonstellationen – die adäquate Nutzung und das Zusammenspiel der Kommunikationsinstrumente und -kanäle konzeptionell-strategisch und operativ zu berücksichtigen.

1.6 Die Notwenigkeit eines integrierten Kommunikationsmanagements

In der von Praktikern und Theoretikern geführten Debatte zu den Konditionen eines effizienten Managements[35] von Kommunikationsprozessen hat das Konzept der „Integrierten Kommunikation"[36] und das damit korrelierende Anwendungsverständnis auch im digitalen Transformationsklima Konjunktur. Dabei wird integrierte Unternehmenskommunikation verstanden als „ein strategischer und operativer Prozess der Analyse, Planung, Organisation, Durchführung und Kontrolle, der darauf ausgerichtet ist, aus den differenzierten Quellen der internen und externen Kommunikation von Unternehmen eine Einheit herzustellen, um ein für die Zielgruppen der Kommunikation konsistentes Erscheinungsbild des Unternehmens bzw. eines Bezugsobjekts der Kommunikation zu vermitteln" (Bruhn 2014, S. 22). Ganzheitlich gedachtes und realisiertes Kommunikationsmanagement wird somit zur nutzen- und zielorientierten Reglungs- und Lenkungsinstanz aller Kommunikationsaktionen, die von Unternehmen ausgehen. Konsentiertes Ziel ist die Bildung und Etablierung einer prägnanten, wiedererkennbaren „Unique Communication Proposition" (Bruhn 2000, S. 12) zur kommunikativen

---

[35]Wir folgen dem Begriffsverständnis von Mast, die „*Kommunikationsmanagement* als das Management *durch* Kommunikation und das Management *der* Kommunikation" beschreibt (2013, S. 13); vgl. auch Herger (2005, S. 260). Der Begriff *Kommunikationsmanagement* ist hierzulande durch die (PR-zentrierte) Definition von Grunig und Hunt (1984, S. 6) populär geworden.

[36]Zu Konzeption und Umsetzung „Integrierter Kommunikation" s. Bruhn und Boenigk (2000, S. 72 f.); Kirchner (2001, S. 36 f.); Cornelissen (2009, S. 6 ff.); Rademacher (2009, S. 66 ff.); Bruhn (2015, S. 87 ff.); van Riel und Fombrun (2008, S. 3 ff.).

Differenzierung und Positionierung (vgl. Unger und Fuchs 2005, S. 114; Mast 2013, S. 160) im Wettbewerb um Beachtung, Anerkennung und Vertrauen (Herger 2006, S. 40 ff.). Mit dem Ziel, dass „damit in relevanten Meinungsmärkten ein möglichst schlüssiges und widerspruchsfreies Profil des Unternehmens und/oder seiner Leistungen entstehen kann" (Szyszka 2004, S. 211).

Strategisch modelliertes **integriertes Kommunikationsmanagement** wird per Definition als lenkende Prozessaufgabe verstanden. D. h., prozessorientierte Maßnahmen werden an verbindlichen Handlungsstrukturen und Entscheidungsabläufen ausgerichtet und auf mehrere Aktions- und Reporting-Ebenen sowie verantwortliche Rollenträger (Schulz und Grimm 2015, S. 40 f.) eines Unternehmens verteilt (Will 2007, S. 25). Dieser Anschauung verpflichtet, soll die Darstellung von Unternehmens-, Produkt- und Arbeitgebermarken und ihrer Leistungen (Mast 2013, S. 41) im **synergetischen Zusammenwirken** (Bruhn und Boenigk 2000, S. 71) **aller Kommunikationsfunktionen** (PR, Interne, Markt- und HR-Kommunikation)[37] und Verantwortungsbereiche stattfinden. Hierzu zählt zudem ein professionelles Wissensmanagement im Rahmen einer vernetzten Unternehmenskultur – auch unter Berücksichtigung der Einflussgröße „Big Data". Das methodisch gesicherte Integrationsprozedere wird nicht zuletzt durch die steigende Bedeutung von Content und dessen adressatengerechte Vermittlung beeinflusst. Die Zusammenarbeit der einzelnen intern und extern kommunizierenden Disziplinen sowie vertikaler und horizontaler Kommunikationsinfrastrukturen (vgl. Kirchner 2001, S. 260) eines Unternehmens soll durch **multimedial attraktiv inszenierte und vernetzte Kommunikationspräsenzen** in dem Maße Öffentlichkeit herstellen, dass in deren Bewusstsein Botschaften, Themen und Bilderwelten des Absenders nachhaltig platziert werden.

Durch Konsistenz in Tenor, Semantik und Design soll eine Zersplitterung der Kommunikationswirkungen vermieden werden. Ein konsequent auf **Dialog und Feedback** – möglichst in Echtzeit mit hoher Reaktionsfähigkeit – justiertes

[37]In der Literatur kursiert noch das Zerfaßsche 3-Säulen-Modell (s. Zerfaß 2004, S. 289). In Fortschreibung der „three main forms of corporate communication" von van Riel (1992, S. 8 f.) richtet es die Teilbereiche an unterschiedlichen organisationalen Kommunikationsaufgaben aus, die wiederum – organisatorisch in unterschiedlicher Gewichtung verortet – „an praktischen Problemlagen der Unternehmenspraxis" (Zerfaß a. a. O., S. 289) ansetzen. Dieser Zuordnungsansatz klammert indes den Bereich **HR-Kommunikation** als eigenständige und zugleich Querschnittskommunikationsfunktion aus. Zu Stellenwert und Ausprägung der HR-Kommunikation s. Jäger und Rolke (2011); auf die Bedeutung des Human-Relation-Ansatzes in der Organisationskommunikation hat schon Theis-Berglmair (2003, S. 60 ff.) hingewiesen.

integriertes Kommunikationsmanagement umfasst sowohl Formen der **Push-** als auch der **Pull-Kommunikation.** In diese werden bewusst die Anliegen, Interessen und Standpunkte der Stakeholder in die kommunikativen Planungsprozesse und Entscheidungsabläufe einer Organisation einbezogen (s. Rademacher 2009, S. 76 f.). Die zunehmende Vernetzung der am Kommunikationsgeschehen Beteiligten ermöglicht deren „digitale Integration“ (Kirf und Eicke 2016, S. 18). Gleichwohl ist an dieser Stelle die Frage relevant, ob das „Integrationsparadigma“ in der beschriebenen Form künftig in digital dominierten Arenen und Milieus grundsätzlich noch funktioniert.

1.6.1 Stakeholder-Management: Die Unternehmenspublika im Blick behalten

Auch in der digital modifizierten Kommunikationskultur von Unternehmen erscheint als wesentliches Kriterium für gelingende, integriert gestaltete Kommunikationsverläufe das Wissen um die Ansprüche, Situationsdeutungen und handlungsleitenden Standpunkte der anzusprechenden Stakeholder sowie die Kenntnis der Beziehungs- und Einflusskontexte, in denen sie kommunizieren und interagieren. Damit dies gelingt, ist in einer **360°-Betrachtung** (s. Kirf und Rolke 2002, S. 18 ff.; Cornelissen 2009, S. 38 ff.) im Rahmen der **Stakeholder-Analyse** zu prüfen, welche Akteure aktuelle oder geplante Unternehmenstätigkeiten im Licht ihrer jeweiligen Erwartungshaltungen und Anliegen als Anreize oder Belastungen auffassen und somit zu „Betroffenen“ von Unternehmenshandlungen werden. Dieses erprobte Verfahren hilft zu erkennen, wer sich wie zu Problemstellungen (kritisch) auf verschiedenen Kommunikationsebenen äußert, sich um ein bestimmtes Thema organisiert oder durch einschlägiges Verhalten in Spannungsfeldern (z. B. in Form von Protestaktionen) auffällt. Oder es sind jene Stakeholder zu registrieren, die in ihrer Rolle als glaubwürdig-vertrauensvolle Mittler und Empfehlungsgeber einen konstitutiven Einfluss auf die Bewusstseins- und Meinungsbildung anderer Akteure im Sinne der Unternehmenszielsetzungen ausüben und deshalb als „Beteiligte“ am Kommunikationsgeschehen aktiviert werden können.

Zudem werden in der Stakeholder-Analyse die Anspruchsgruppen nach ihrer (situativen) Relevanz im angestrebten Kommunikationsprozess (s. Grunig und Hunt 1984, S. 145 ff.; ebenso Mast 2013, S. 118 ff.) in einer Matrix priorisiert. Der Grad der Ausdifferenzierung bei der Profilbildung ist von der jeweiligen kommunikativen Aufgabenstellung abhängig. Diese Grundlagenarbeit, die für eine auf digitalisierten Stakeholder-Daten basierende und an konkreten Stakeholder-Bedürfnissen ausgerichtete Unternehmenskommunikation signifikant ist, übernimmt in den Teams der Kommunikationsabteilungen vermehrt der Data-Analyst/Data Scientist: „Er bildet in seinen Funktionen als Kollektor und Provider extrahierter Daten die Schnittstelle zwischen dem Datenreservoir und den Kommunikatoren. Entscheidend ist dafür die Übertragung der Daten in kommunikative Kontexte und Sinnzusammenhänge" (Kirf und Eicke 2016, S. 17).

Big Data ist folglich schon jetzt als Ressource für die Planung und Durchführung von Maßnahmen einer effizienten Stakeholder-Ansprache – vor allem in Sozialen Netzwerken – systematisch und konnektiv verwertbar (vgl. Abb. 1.2). Allerdings sind für deren Gelingen die Struktur, Validität und Menge der gesammelten, gefilterten und ausgewerteten Datenmengen und die Beherrschung sowie Nutzung dafür verfügbarer Verarbeitungs-Tools von Belang (Kirf und Eicke 2016, S. 16).

Bei der aus der Erhebung von Stakeholder-Daten notwendig resultierenden **Stakeholder-Segmentierung** helfen Ordnungskriterien wie psychologische und soziodemografische Merkmale ebenso wie Erkenntnisse zu Kommunikationsverhalten, Rollenbesetzungen, Betroffenheitsdispositionen, Konflikt- und Problembewusstsein sowie Konsensspielräumen und Goodwillpotenzialen (s. Leipziger 2009, S. 105 ff.; Schmidbauer und Knödler-Bunte 2004, S. 109 ff.). Die Einordnung

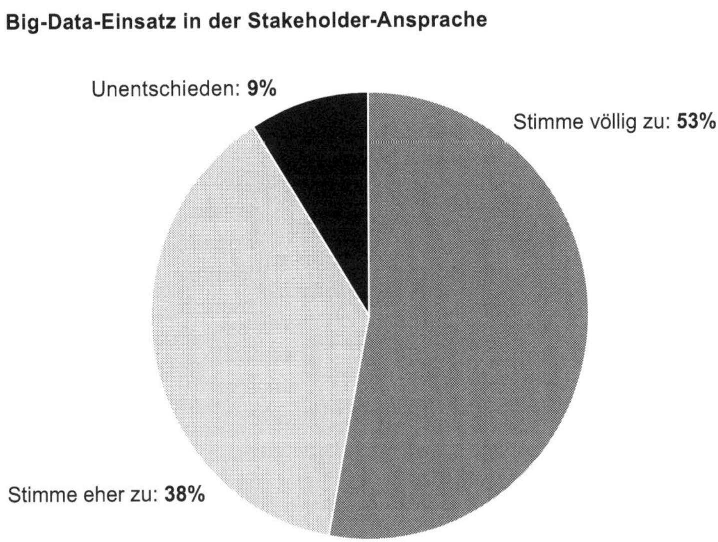

Abb. 1.2 Einschätzung von Kommunikationsexperten zur Bedeutung von Big Data in der Stakeholder-Ansprache. (s. Kirf und Eicke 2016, S. 16)

dieser Kriterien zeigt, wo unter welchen Bedingungen jeweils Kommunikationsbedarf herrscht. Dadurch lassen sich wiederum Rückschlüsse auf Kommunikationschancen und -risiken als Wegmarken für die Organisation unternehmenskommunikativer Aktionen und Programme ermitteln. Das geschieht auch mit Blick darauf zu lokalisieren, wer in welchem Ausmaß und in welchen Kontexten ein Interesse an Konfrontationen und Skandalisierungen hat. Aus diesen Einschätzungen ergibt sich, über welche spezifischen Zugangswege und kommunikative Angebotszuschnitte man wen (wie, wo, womit und wann) erreichen kann, um in den Vorstellungswelten der Adressaten die gewünschten Resonanzen zu erzeugen: crossmedial via Digital-Anwendungen und Print-Medien, durch Präsenz in Social-Web-Foren oder persönliche Kontaktpflege auf dialogbasierten Events bis hin zum Gebrauch spezieller Sprachstile auf Basis linguistischer Analysen.

Diese Informationen können sowohl Unterstützungsreservoire als auch Bedrohungs- und Sanktionspotenziale, die unternehmerisches Handeln tangieren, ermitteln. Zudem liefert dieses Wissen Kriterien zur **Hierarchisierung** und **Bedeutungszuweisung von Stakeholdern** und prägt online wie analog Formen und Inhalte ihrer Ansprache auf allen Kommunikationsebenen. Es ist dabei zu klären, wer – bezogen auf kommunikative Zielerreichungen – in welchem Ausmaß kontaktiert, erreicht und gewonnen werden soll. Die Adressaten der internen wie externen Unternehmenskommunikation sollen sich für Kommunikationsofferten interessieren, davon überzeugt werden, dadurch Meinungen und Einstellungen überdenken bzw. ändern und dementsprechend handeln.

Im Rahmen der Planung der **Kommunikationsstrategie** wird entschieden, welche Personen oder Gruppen in den Unternehmensumfeldern jeweils qua Informationsleistungen und/oder dialogisch adressiert werden sollen (s. Leipziger 2009, S. 101 ff.). Ziel dieses **stakeholder-orientierten Kommunikationsmanagements** (vgl. Karmasin 2005, S. 271 ff.; Svendsen 1998, S. 42 ff., 110 ff.; Freeman 2010, S. 24 ff., 52 ff.) und seiner Explorationsmodelle (s. Cornelissen 2009, S. 50 ff.) ist es, die kommunikativen Entscheidungsspielräume und Handlungsoptionen von Unternehmen zu fundieren und dadurch eine wert- und nutzenstiftende Integration des kommunizierenden Unternehmens in seine Innen- und Außenwelten zu unterstützen. Im Endeffekt muss der Anspruch bewusster kommunikativer Interaktion mittels **Dialog** (s. Leipziger 2009, S. 105 f.) die Anschlussfähigkeit eines Unternehmens an seine virtuellen Wirkungskreise und Real-Life-Umfelder sichern helfen.

Um Verständnis und Unterstützung für ihre Ziele, Strategien und Aktionsparameter bei relevanten Adressaten in der Kommunikationskonkurrenz mit anderen Organisationen zu erzielen, geht es – neben der Dialogorientierung – letztendlich darum, dass Unternehmen analog wie digital „interessante und ansprechende

Geschichten über sich erzählen“ (Herbst 2011, S. 7) und inszenieren. Und zwar – wie bereits erläutert – in der Art, dass angesichts der allseitigen medieninduzierten Datenexpansion und Informationsüberflutung durch **„Storytelling“** ein konsistentes Erscheinungs- und Wahrnehmungstableau beim Publikum in Erinnerung bleibt (Schulz und Grimm 2015, S. 41). Integriert angelegtes Storytelling „als prozessuales Management von Geschichten über das Unternehmen“ (Schmieja 2014, S. 39) unterstützt dessen Beziehungs- und Bindungsmanagement in erfolgsrelevanten Wirkungsbereichen. Ein wesentliches Kriterium für dialogorientiert wirkungsvolles Storytelling ist die Kenntnis der Erwartungshaltungen, Standpunkte und Situationsdeutungen aller für den Unternehmenserfolg wichtigen Stakeholder (s. Karmasin 2005, S. 275) sowie der Einblick in die Kontexte, in denen sie interagieren.

In diesem Zusammenhang ist über „Aufmerksamkeitsökonomie“ (s. Franck 1998, S. 49 ff.; Zerfaß 2004, S. 394 ff.; Bolz 2007, S. 23 ff., 130 f.) und ihren Stellenwert im Konnex von gelingenden Kommunikationsauftritten und ihrer Rezeption schon hinreichend nachgedacht und geschrieben worden und braucht daher an dieser Stelle nicht weiter kommentiert zu werden.

1.6.2 Problemzonen integrierten Kommunikationshandelns

Doch die Planung, Koordination und erfolgreiche Umsetzung integrierter, Stakeholder-orientierter Kommunikation ist in der Praxis nicht ganz so einfach bzw. reibungslos, wie die Apologeten es sich wünschen. Es sind vor allem unternehmensinterne Barrieren wie Ressort-Egoismen, Silodenken und persönliche Eitelkeiten, die interdisziplinäre Kommunikationsarbeit in ihrem strategischen Wert nach wie vor erschweren (s. Bruhn und Boenigk 2000, S. 79 f.) – oder einen darauf einzahlenden abteilungsübergreifenden Ideenaustausch zwischen den Protagonisten der einzelnen Kommunikationsfunktionen über Tellerränder hinaus gar verhindern. Teamwork bleibt dann auf der Strecke. Die Verweigerungshaltung ist häufig Folge einer mangelnden Ausgeglichenheit in der Institutionalisierung vertikaler und horizontaler Kommunikationsinfrastrukturen (vgl. Kirchner 2001, S. 260). Diese stellen indes eine Bedingung dar für die Erzielung und Nutzung von Kooperationsgewinnen und damit konformes Verhalten der verantwortlichen Kommunikatoren in Unternehmen „im Hinblick auf übergeordnete Kommunikationsziele“ (Ahlers 2006, S. 13). Ein Praxisblick in den Alltag der Unternehmenskommunikation zeigt allerdings, dass hier noch Weiterbildungs- und Verbesserungsbedarf für die Steigerung kommunikativer Effektivität und Effizienz besteht (s. Kirf 2011, S. 11).

Neben dieser Problematik infrastruktureller, inhaltlich-konzeptioneller und personell-kultureller **Hemmschwellen für ein funktionierendes integriertes Kommunikationsmanagement** (s. Bruhn 2015, S. 128) ist auch der kommunikative Kontext der Mediengesellschaft 2.0, in dem sich Unternehmen bewegen, ein zunehmendes Hindernis. Denn angesichts der modernen dynamisch-progressiven Kommunikationszustände und ihrer Auswirkungen auf die Darstellungs- und Positionierungspraxis von Unternehmen lassen sich unter deren Prämissen eigendisponierte Kommunikationsszenarien immer schwieriger so platzieren, dass die gewünschten Effekte eintreten. Es ist eigentlich schon hinlänglich bekannt: Das Internet verändert die Einflussmöglichkeiten von Unternehmen auf die Agenda der Debatten zu ihren Aktionen und Themen. Denn Stakeholder entscheiden zunehmend selbst, aus welchen Quellen sie sich wie zu welchem Zeitpunkt worüber informieren, welche Kommunikationsplattformen, -kanäle und -auftritte sie nutzen und mit welchen anderen Diskursteilnehmern sie meinungsbildend vernetzt kommunizieren und interagieren.

So ist der mediale Diskurs im Social Web zunehmend durch Eigenregie und Steuerung von interpersonaler Kommunikation geprägt. In diesem Kontext erscheinen Blogger oder Instagram-Stars als reichweitenstarke „Influencer", die von Unternehmen zudem selbst in eigener Sache als Multiplikatoren und Markenbotschafter genutzt werden können. „Durch die Digitalisierung und Vernetzung sind zudem zahlreiche neue Möglichkeiten entstanden, um das Publikum in großem Stil in Gestaltungsprozesse einzubeziehen" (Stalder 2016, S. 66). Auf das unternehmenskommunikative Tagesgeschäft übertragen, heißt das: „Diese Besonderheiten in der Netz-Öffentlichkeit erfordern eine Umstrukturierung der Kommunikationsarbeit von Unternehmen" (Mast 2013, S. 178). Eine Reaktion darauf ist, dass dieser Trend mit der wachsenden Bedeutung interaktiver, dialogorientierter Kommunikationsstrategien und Maßnahmen (s. Bruhn 2000, S. 14) in allen Formaten der Beziehungsgestaltung mit Stakeholdern korrespondiert. Dieses Kontaktmanagement folgt möglichst situationsadäquaten Dramaturgien und publizitätserzeugenden Inszenierungen.

1.7 Plädoyer für eine konzeptionelle Fundierung der Unternehmenskommunikation

Gleichwohl: Trotz aller feststellbaren Ambivalenzen und Komplikationen bleibt die grundsätzliche Notwendigkeit konzeptioneller Fundierung des Kommunikationsmanagements bestehen (s. Bruhn 2015, S. 113 ff.). Dessen Akteure reflektieren und projektieren die praktische Angemessenheit und Umsetzbarkeit von Zielkonstruktionen, Kommunikationsregie und Adressatenorientierung (Szyszka und Dürig 2008, S. 20 f.). Dieses Vorgehen ist auch in digitalen Zeiten essenziell für die kommunikative Herstellung bzw. Mobilisierung (Herger 2004, S. 14) von Öffentlichkeiten und damit verbundenem dialogmotivierten und verständigungsvermittelnden Beziehungsmanagement. Als Organisationsfunktion schafft Kommunikationsmanagement „die Voraussetzungen für die Formulierung und Realisierung“ (Zerfaß 2004, S. 294) von Unternehmensstrategien als „Bezugspunkt aller Kommunikationshandlungen“ (Zerfaß 2004, S. 297) in internen und externen Unternehmensmilieus.

Die Erkenntnis, kommunikative Aufgaben und Problemstellungen zielbewusst systematisch-strukturiert anzugehen, ist mittlerweile bei Kommunikationsverantwortlichen kanonisierter Standard. Zur **Konzeptionslehre** und den ihr immanenten Maximen und Prinzipien gibt es inzwischen etliche, praxisgerechte Methodenbeschreibungen und Regieanweisungen (s. Schmidbauer und Knödler-Bunte 2004; Leipziger 2009; Merten 2013). Deren Begriffssysteme fungieren als lösungsorientierter Bezugsrahmen für die **konzeptionelle Kommunikationsgestaltung** und ihre Umsetzungsfahrpläne.

1.7.1 Gelingende Unternehmenskommunikation ist strategiebasiert

Auch in digital induzierten Kontexten ist die **Strategieverpflichtung** generisch für intentionale Kommunikationsleistungen. Ob PR-bezogen oder Marketing-etikettiert, werden diese von der Unternehmensleitung oder anderen Instanzen in Auftrag gegeben, „weil der Auftraggeber mit bestimmten Sachverhalten ein Problem hat“ (Leipziger 2009, S. 32), zu deren individueller Lösung Kommunikation beitragen kann. Von den dafür verantwortlichen Akteuren (Unternehmenskommunikatoren und/oder externe Dienstleister) werden in einem mehrstufig-ganzheitlichen, iterativen Prozess **Strategien** als Mechanik „für das Management der Kommunikationsaktivitäten“ (Leipziger 2009, S. 13) mit praktisch-operativer Relevanz entwickelt. Das geschieht auf Basis der Learnings aus Briefing-Vorgaben, Recherchen, Situations- und Problemanalysen (Szyszka und Dürig 2008, S. 82 f.), Zielsetzungen und zu transportierender Botschaften. „Dieser Entwicklungsgang folgt einer heuristischen Entscheidungsmethodik“ (Kirf 2011, S. 8 f.). Diese orientiert sich auch an kompetitiven Kommunikationsumfeldern und den darin stattfindenden Wettbewerbsauftritten. Die Direktive an den Konzeptioner lautet: Präferenzen schaffen (Leipziger 2009, S. 118) und Orientierung geben. Die Leitfragen dieser Mission heißen: Was zeichnet das Unternehmen, seine Produkte, Dienstleistungen und Handlungsarenen verglichen mit seinen Konkurrenten aus? Und welche Kernaussagen und Themenbesetzungen vermitteln nachhaltig in der

Aufmerksamkeitskonkurrenz unter den spezifischen Kommunikationsbedingungen 2.0 ein für eine differenzierende Profilierung und Positionierung (Bruhn 2015, S. 74) notwendiges, ein positives Image prägendes Meinungstableau? Dieses muss Wahrnehmungsbarrieren überschreiten, um sich in den Köpfen der Stakeholder unmissverständlich einzuprägen. Kommunikationshandlungen sollen sich dabei nicht auf eindimensionale Verteilprozesse beschränken. Vielmehr müssen jene wechselseitige, auf Rückkoppelung angelegte Beziehungsnetze organisieren und Bindungen an Marken, Produkte und Unternehmen (Esch 2004, S. 45 ff.; Haller und Twardawa 2014, S. 81 ff.) fördern und moderieren.

Die aus der Strategie abgeleiteten, möglichst crossmedial orchestrierten Maßnahmen orientieren sich an den identifizierten Interessenlagen, Anspruchshaltungen und Kommunikationsbedürfnissen der kontaktierten Stakeholder. Die in unternehmensinternen und -externen Transaktionsfeldern erzielten Kommunikationsintentionen sind an klaren Kennzahlen ausgerichtet zu evaluieren (Rolke und Jäger 2009, S. 1033 ff.). Im Rekurs auf die Messungsergebnisse werden dann Rückschlüsse für Architektur, Design, Organisation und Richtung des weiteren Vorgehens gezogen. Dieses wird entweder fortgeführt oder die strategische Denkperspektive zur Zielerreichung ist situationsadäquat anzupassen. Das geschieht insbesondere, wenn der Ressourcenaufwand nicht im angemessenen Verhältnis zu den kalkulierten Wirkungen steht – mit der Folge, dass das Kommunikationsprogramm in einer Kurskorrektur unter Effektivitäts- und Effizienzgesichtsaspekten neu zu justieren ist (Besson 2003, S. 27 ff.; Kirf 2011, S. 28 f.; Mast 2013, S. 140 ff.).

Natürlich ist der nutzenstiftende, weil assistierende **Einfluss der Digitalisierung** auf diese quantitativ und qualitativ angelegten Arbeitsschritte und Leistungserbringungen in der Unternehmenskommunikation auch für ihre Protagonisten bedeutend (u. a. durch datenkomprimierende Verfahren und Insights aus Online-Medien-Explorationen). Dennoch: Neben den digitalen Surrogaten spielt **der Mensch** als Planungs-, Entscheidungs-, Kreativitäts- und Implementierungsinstanz sowie als „Wissensarbeiter" weiterhin eine **zentrale Rolle** für das Gelingen kommunikativer Aufgabenstellungen. Die Digitalisierung ist noch kein vollständiger Ersatz für menschliches Handeln. So kann das Digitale also auch vom Analogen lernen (Hoffmann 2015, S. 95 ff.).

1.8 Everything new or only something has changed ...?

Dieser Anspruch führt zu der Frage: Bleibt in den neuen Kommunikationsverhältnissen alles beim Alten? An dieser Stelle sei klar ausgedrückt: Nein. Es verändert sich für die Gestalter der Unternehmenskommunikation einiges. Aber, das sei auch deutlich vermerkt, nicht alles!

Fest steht: Die „Hybridisierung und Verfestigung des Digitalen" (Stalder 2016, S. 20), d. h. die konsequente **Nutzung digitaler Technologien,** ihrer Innovationen und Implikationen sowie die Verortung von Unternehmen und ihren Kommunikationspräsenzen im Web als technologiebasierter Handlungsraum sind schon jetzt **konkrete Alltagsrealität.** Das lässt sich empirisch belegen (s. Kirf und Eicke 2016, S. 4). Die Erweiterung der organisationalen Kommunikationsmöglichkeiten, z. B. durch die Gestaltung und Nutzung von Blogs mit entsprechenden Verlinkungsmöglichkeiten in der Unternehmensdarstellung (s. Fiege 2012, S. 24 ff.) sind bereits **normativ prägender Teil des kommunikativen Turnus** geworden. So ist es schon eine Selbstverständlichkeit, dass „(…) in der Praxis der Online-Kommunikation Kompetenzen aus verschiedenen Feldern wie Online-Marketing und Online-PR zusammenkommen (…)" (Hoffjann und Pleil 2015, S. 3) müssen. Und die Teilhabe von Unternehmen an Echtzeitkommunikation in diskursiv-interaktiven Formationen mit relevanten Bezugsgruppen im Netzleben ist ebenso – insbesondere vor dem Hintergrund der kontinuierlichen Verbreitung mobiler Endgeräte – eigentlich nichts besonders Erwähnenswertes mehr.

Indes hat und wird diese Entwicklung unweigerlich weitere Konsequenzen bzw. Veränderungen für die **Arbeit von PR-** und **Marketing-Managern** mit sich bringen. Auch mit Blick auf deren Ansprüche an erfolgreiche Kommunikationsmissionen. Auf der gleichen technologischen Evolutionsstufe mit dem Web 2.0 in seinen spezifischen Ausprägungen und Entwicklungen werden künftige Tätigkeiten von Unternehmenskommunikatoren durch digitalisierte Prozesse und Strukturen mehr als bisher determiniert. Dazu zählen eine exponentiell zunehmende Automatisierung in der Datenverarbeitung und graduell dichtere und granulare (s. Kucklick 2015) Vernetzungen. Suchmaschinen, mobile Endgeräte, Digital-Roboter, künstliche Intelligenz (KI; Maschine Learning) und individuelle On-Demand-Produktion (z. B. 3-D-Druck) sind bereits Autoritäten in vielen Arbeitsressorts. Und dieser Trend wird sich künftig noch verstärken. „Denn Computer können jetzt dazulernen und Dinge erkennen, die bisher nur das menschliche Gehirn verarbeiten konnte" (Kollmann und Schmidt 2016, S. 49).

So prägen die Prozesse, die unter den Bedingungen der Digitalität durch inhaltliche, kulturelle und formale Eigenheiten konditioniert sind, auch zunehmend Strategien und Programme der Unternehmenskommunikation und zählen zu deren „digitalen Standard" (Röttger et al. 2014, S. 73). Die vorangegangenen Ausführungen haben jedoch ebenso gezeigt, dass sich **Auftrag, Aufgaben** und **Ziele der Unternehmenskommunikation** angesichts der Paradigmen digital geprägter Zeiten **nicht komplett geändert** haben. „Alte", d. h. tradiert-bewährte Medien, Informationswege, Kommunikationsformen, -strukturen und -systeme sind nicht generell obsolet geworden (Hoffmann 2015, S. 23). Sie haben, wenngleich je nach

Anwendungsintention funktional-instrumentell modifiziert und teils digital angepasst, weiterhin Bestand (Hoffjann und Pleil 2015, S. 2). „Auch wenn die digitale Revolution unser Kommunikationsverhalten innerhalb weniger Jahre grundlegend verändert hat, so ist der Prozess strategischer Konzeption und Kommunikation doch gleich geblieben" (Schulz und Grimm 2015, S. 46).

Unternehmenskommunikation spielt sich somit in mediatisiert-digitalisierten Umwelten in der **Ubiquität von „alten" und „neuen" Medien** und deren Nutzung ab (vgl. Grenz und Möll 2014, S. 1). Kommunikationsauftritte und -programme werden durch eine **Dualität von „Referentialität" und „Algorithmizität"** (s. Stalder 2016, S. 13) geprägt. D. h., sie bewegen sich im Wirkungskreis der Anwendung von erprobten konventionellen Instrumenten, Formaten und Materialien sowie der Nutzung neuer automatisierter, digital gestützter Entscheidungs- und Gestaltungsverfahren. Letztere sind opportun, um Komplexität zu reduzieren: z. B., um aus großen Datenmengen relevante Kommunikationsinhalte zu destillieren, Informationen und Botschaften zu produzieren und gezielt Stakeholder-orientiert zu distribuieren. Dieses **Oszillieren zwischen den Referenzpunkten digitaler und analoger Welt** ist crossmedial geprägt und komplementär verzahnt.

Es ist ein **„hybrides" Agieren,** das sich in der Unternehmenskommunikation zunehmend als „neue Konvention" materialisiert, die eine deutliche Tendenz zum **Mainstream** aufweist. Dieser bewegt sich im Tagesgeschäft etwa zwischen der physischen Anwesenheit des PR-Chefs bei der Moderation einer Pressekonferenz und der gleichzeitigen Nutzung digital vernetzter Medien durch deren Übertragung per Livestream im Netz (s. Steinke 2015, S. 34 ff.). Diese Verzahnung ist auch vor dem Hintergrund der nach wie vor gegebenen Notwendigkeit ganzheitlicher, interdisziplinärer Kommunikationsauftritte im Kontaktmanagement mit Stakeholdern vonnöten. Bei dessen Akzeptanz und Adaption ist allerdings in der Praxis noch Nachholbedarf geboten (s. Röttger et al. 2014, S. 216 f.).

1.9 „Schöne neue digitale Arbeitswelt"...?

Indes besteht kein Zweifel: Die geschilderten Trends und Tendenzen erscheinen irreversibel. Angesichts dessen sind jedoch noch Fragen zu stellen und Antworten zu finden: Wie arbeiten Unternehmenskommunikatoren heute? Was wird von ihnen in der Berufspraxis künftig erwartet? Welche Vorbehalte existieren gegenüber digitalisierten Arbeitsprozessen und -strukturen? Welche (Grenz-) Erfahrungen werden dabei evident? Und was bedeutet für Kommunikationsmanager das Faktum, dass z. B. Social Bots scheinbar eigenständig Informationen platzieren und zu deren

Aggregation beitragen (vgl. Sunstein 2009, S. 18 ff.)? Welche kommunikativen Möglichkeiten bieten etwa Apps, Content-Marketing, Influencer-Mapping oder die Nutzung von Software zur Sprach-/Gestensteuerung? Und last, but not least: Wo bleibt eigentlich der Mensch in diesen von Big Data konditionierten Szenarien? Wie kann und will er/sie den gestellten Kommunikationsauftrag unter den Bedingungen der Digitalisierung von Arbeitsprozessen adäquat erfüllen? Und das auch mit Blick darauf, dass Smartphones und Tablets die digitale Arbeitswelt von der Anwesenheit am Schreibtisch schon längst befreit haben.

Zunächst gilt: Damit der digitale Wandel letztendlich nicht zur „Kommunikationslast“ (Meckel 2009, S. 28) und Computerintelligenz nicht zur jobgefährdenden Bedrohung für sie wird, müssen Unternehmenskommunikatoren jedweder Provenienz und Couleur in die eigene digitale Gegenwart und Zukunft schauen. Und das mit kritischem Blick. Sie sind aufgefordert, ihre „digitalen Profile“ im Hinblick auf Kompetenzen und Qualifikationen in der Informationstechnik und Datenverarbeitung konstant und konsequent zu überprüfen und ggf. zu verbessern. Sie müssen ihre Urteilskraft für das eigene Online-Verhalten schärfen und sich den damit verbundenen kommunikativen Armaturen, Optionen, An- und Herausforderungen assimilieren. Dabei sind zudem **neue Denkmuster** und **Bewältigungsstrategien** gefordert. Und das nicht zuletzt im Hinblick darauf, dass die Akteure selbst in einer von Technologie getriebenen Arbeitswirklichkeit (s. Kucklick 2015, S. 80 ff.), die von Virtualisierung, De-Materialisierung, Automatisierung und vernetztem Handeln als zukunftsrelevante Maßgeblichkeiten geprägt wird, nicht den digitalen Anschluss verlieren, sondern professionell bestehen können. Einfach ausgedrückt: wie man als Frau/Mann vom Fach im Job eine gute Figur machen bzw. diesen letzthin behalten kann!

1.9.1 Kassandrarufe und Technologiephobien

Trotz aller Faszination und Begeisterung für den „Strukturwandel der Kommunikationsverhältnisse unter neuen Kommunikationsbedingungen“ (Bolz 1995, S. 11): In einer Arbeitswelt, die zunehmend von smarter maschineller Intelligenz geprägt wird und in der die **Grenze zwischen Mensch und Maschine** häufig immer schwieriger zu ziehen ist, werden angesichts der grundlegenden Veränderungen, die diese Konfigurationen implizieren, auch kritische Stimmen laut (Abb. 1.3): Mit „Digitalisierung“ und „digitaler Transformation“ korrelieren Aspekte wie „Konnektivität“, „Disruption“, „Beschleunigung“, „Multimedialität“, „Big/Smart Data“ (vgl. Floridi 2015, S. 32) sowie der Wandel vom „Homo rationalis“ zum „Homo granularis“ (Kucklick 2015, S. 15). Mit diesen mittlerweile in der Debatte auch rhetorisch

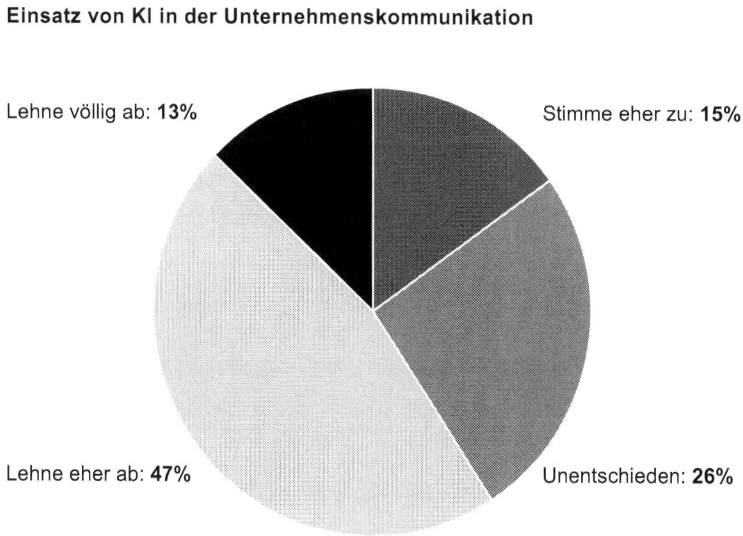

Abb. 1.3 Einschätzung von Kommunikatoren zum Vormarsch der künstlichen Intelligenz (KI) in der Praxis der Unternehmenskommunikation. (s. Kirf und Eicke 2016, S. 14)

strapazierten Stereotypen werden obendrein **negativ-ambivalente Konnotationen** verbunden. Diese sind außerdem häufig nicht ideologiefrei – bis hin zu einer „Apokalyptisierung" der digitalen Transformation als „Overkill". **Schädliche Nebeneffekte** (Cole 2015, S. 37 f.), phobische Projektionen und pessimistische Gegenpole werden von digitalen Bedenkenträgern und Technologieneurotikern zweifelnd-polemisch auf den Plan gebracht (s. Keen 2007).

Zu den vorgebrachten „Entrüstungen" zählt vorrangig die Angst vor technologisch bedingter Arbeitslosigkeit im verschärften Wettbewerb um qualifizierte Fachkräfte. Hinzu kommen Vorbehalte gegenüber der Unterordnung des Menschen unter Maschinen als „algorithmisierte Kollegen" (Kirf und Eicke 2016, S. 14, s. auch Abb. 1.3), dem Aufbrechen klassischer Strukturen durch veränderte Zeitrhythmen in Arbeitsabläufen (Rödder 2015, S. 36), der Übernahme von Bürotätigkeiten durch künstliche Intelligenz sowie einem höherem Grad an Transparenz durch permanente Überwachung (Stalder 2016, S. 214 ff.).

Zudem sorgt das Phänomen der „Cloud-Belegschaft", die zeit- und ortsunabhängig arbeiten kann, bei manchem für Skepsis. Gleichermaßen werden ständige Erreichbarkeit mit (Re-)Aktions-Modus, exponentiell wachsende Datenflut und ihr Controlling (s. Kirf und Eicke 2016, S. 20) sowie zunehmende Granularität, Dauer-Aufmerksamkeitssyndrom (s. Meckel 2009, S. 32 ff.), sichtbar dokumentierte Web-Präsenz des „Homo connectus“, Wahrnehmungsdiffusion zwischen Real Life und WWW sowie der Verlust der Dialogfähigkeit im „Gewitter der digitalen Ablenkungen“ (Kucklick 2015, S. 94) beklagt (s. Turkle 2015, S. 304 f.; Katzer 2016, S. 15 f.). Überdies prägen „netz-psychologische Aspekte“ (Katzer 2016, S. 285) persönliche Eindrücke und (Selbst-)Erfahrungen. Dazu zählen Überforderung und soziale Vereinsamung in der Kollaboration mit Algorithmen oder die Befürchtung, Opfer von Hackerangriffen bzw. anderen zerebral-neuronalen Manipulationen zu werden.

Spürbare Auswirkungen dieser Befürchtungen und Ungewissheiten im Rahmen einer möglichen digital-medial-basierten „Kommunikationsfalle“ (Meckel 2009, S. 34) sind Verunsicherungen und damit einhergehendes Misstrauen. Mit diesen Stimmungen korrelierende landläufige Stichworte sind: Kontrollverlust „über die Kommunikationsvorgänge“ (Mast 2013, S. 177) im virtuellen Raum, Reduktion der Handlungsautonomie bei zunehmender Erreichbarkeit und Aufmerksamkeitsbindung an digitale Medien. Diese Selbstwahrnehmungen können in letzter Konsequenz zu gegenläufigen Verweigerungshaltungen führen. Kurzum: Die Gefahr von „Psychostress“ mit somatischen Befunden und Effekten durch Veränderungsdruck ist latent, weil die geschilderten Umwälzungen von Betroffenen als Aggregatzustand „perhorresziert“ werden. Bei manchen Kommunikationsmanagern ist es fernerhin eine gruselige Vorstellung der Abhängigkeit von sich verselbstständigenden Algorithmen, die als skeptisch-lethargische Reaktion auf den Vormarsch der digitalen Technologien hin argumentiert wird (vgl. Kirf und Eicke 2016, S. 15).

1.10 Die Replik: Digitale Fitness und Kompetenzerweiterung

Doch entgegen vorhandener Vorbehalte sollte bei den Akteuren der Blick offen bleiben für Neues, Heterogenes, Asignifikantes und unerwartete Veränderungen in einer „digital transformierten Arbeitswelt“ (Cole 2015, S. 17). In dieser ist die **Mensch-Computer-Netz-Digital-Beziehung** kein Gegensatz (mehr). Das Kantische „Sapere aude“ im digitalen Zeitalter, in dem digitale Medien gemeinhin zur „Basistechnologie des Alltagslebens“ (Rödder 2015, S. 26) geworden sind, muss vielmehr Denk- und Handlungsverpflichtung für die Entscheider und Gestalter aller Funktionsbereiche der Unternehmenskommunikation sein. Diese müssen als Beteiligte auf die Ausrichtung und Nutzung der Möglichkeiten der Digitalisierung hin kompetent-souverän (re-)agieren. Kommunikatoren jedweder Disziplin und Stellung sind gefordert, sich mit der technologischen Durchdringung ihrer

Arbeitswelt dergestalt auseinanderzusetzen, dass sie sowohl deren Potenziale als auch Problemstellungen und die durch sie getriebenen Kommunikationskonstellationen, -stile und -szenarien mit kritischem Deutungsblick einschätzen können. Dazu müssen sie über das nötige Wissen zu Trends und Tendenzen gelingender moderner Kommunikation sowie über die dazu notwendigen Management-Fähigkeiten verfügen, um die richtigen konzeptionell-strategischen wie taktisch-instrumentellen Entscheidungen situations-, aufgaben- und themenadäquat treffen zu können. Die Beachtung dieser Referenzpunkte im Panorama des Kommunikationsalltags ist auch für die Konfiguration der **eigenen digitalen Agenda** unumgänglich.

Zumal Digitalisierung im Kopf beginnt: D. h., Unternehmenskommunikatoren müssen, um in der neuen Arbeitswelt handlungsfähig zu bleiben, mental stets auf dem Laufenden sein, damit sie das Spektrum ihrer Zuständigkeiten und Einsatzbereiche im Kontext des nutzbaren informationstechnischen Fortschritts sinnvoll erweitern können! Denn „moderne Kommunikationstechnik ist nicht mehr auf Computer und Smartphones beschränkt“ (Kollmann and Schmidt 2016, S. 44). **Permanente Weiterbildung** zur Anpassung und Erweiterung des digitalen Know-hows ist dabei ein unverzichtbares Muss zur Bewältigung des gegenwärtigen wie künftigen Berufsalltags: z. B. wenn es darum geht, im Rahmen einer Mobile-Recruiting-Strategie eine Karrierewebsite in responsivem Design, deren Online-Stellenanzeigen an die Screens von mobilen Endgeräten angepasst sind, zu konzipieren; oder ein Firmenprofil in der digitalen Wissensbibliothek Wikipedia richtig anzulegen; oder einen Newsroom (s. Moss 2016) als operative Steuerungseinheit im Themenmanagement, in der Content-Entwicklung und -Distribution für die Medienarbeit mit Journalisten und Bloggern einzusetzen; und nicht zuletzt Bescheid zu wissen, wer sich in Social Communities im Netz (s. Fiege 2012, S. 22 f.) aufhält und sich zu unternehmensrelevanten Sachverhalten äußert. „Medien- und Technologiekompetenz schaffen die Voraussetzung für den selbstbestimmten Umgang mit den digitalen Technologien (Zugang und Teilhabe) (…)“ (Kollmann und Schmidt 2016, S. 37 f.). Und wenn künftig die Roboter-Kollegen nicht nur „Routinearbeiten übernehmen, sondern zunehmend auch kognitive Aufgabenstellungen bewältigen (…), muss die Arbeit zwangsläufig neu verteilt (…)“ (Kreutzer und Land 2015, S. 14; s. a. Kollmann und Schmidt 2016, S. 45 ff.) und darauf ausgerichtete Modelle und Methoden wirksam implementiert werden.

Zur Unterstützung der Erfüllung dieser Prämissen und der damit verbundenen Erwartungen sind **HR-Abteilungen** von Unternehmen im Obligo. Personalentwicklung und Personalmanagement müssen praktische, **digital orientierte Lernstrategien und -formate** – wie E-Learning, Blended Learning und maßgeschneiderte

Coachings – bereitstellen. Diese sind als Bestandteile eines qualifiziert-bedarfsgerechten Curriculums für die arbeitsrelevante Wissensvermittlung der digitalen Themenbandbreite zu entwickeln, um etwaige Transformationsbewältigungsdefizite zu beheben und Veränderungshemmnisse bei Führungskräften und deren Teams zu beseitigen. Praxistaugliche Sortimente zu integriertem Lernen und inhaltlich-methodischer Lernbegleitung für verschiedene Flughöhen zur Förderung notwendiger Veränderungskompetenzen für das Vonstattengehen organisationaler Digitalisierungsstrategien gibt es genug. Sie müssen nur institutionalisiert und systematisch angewandt werden.

1.10.1 Gewusst wie: Neue Perspektiven des internen Wissensmanagements

Kommunikatoren sollen sich folglich nicht nur mit der die eigenen Tätigkeiten und Routinen substituierenden Computer-Intelligenz verbünden, um durch diese sinnhafte Symbiose die eigene Leistungsfähigkeit quantitativ wie qualitativ zu steigern. In einem informations- und wissensintensiven, Kenntnisse und Erfahrungen kanalisierenden Arbeitsfeld wie der Unternehmenskommunikation, in der Kommunikationsinhalte und Themenbesetzungen, um sie zielführend einsetzen („veröffentlichen“) zu können, gefiltert, kategorisiert, priorisiert, verdichtet und kombiniert werden müssen, ist ein entsprechendes **Wissensmanagement** vonnöten. Datenbasiertes Wissen wird durch „die Umwandlung des Rohstoffs Information in verwertbares Know-how“ (Cole 2015, S. 34) nutzbar gemacht, indem „Datenchaos“ sortiert, Korrelationen und Muster erkannt und diese strukturiert-systematisiert gehandhabt werden.

Diese **digital-basierte Wissensökonomie** (s. Cole 2015, S. 33) mit transparenten Strukturen und definierten Prozessen basiert auf informationsgestützten Ressourcen und effektivem Einsatz von Medien, Kanälen und Tools. Dieses Gefüge schafft neue Chancen für Wissensproduktion und -verbreitung vor allem in den internen Wirkungsbereichen der Unternehmenskommunikation (s. Schick 2014, S. 198 f.). Gemäß dem Credo: „(…) nur geteiltes Wissen ist multipliziertes Wissen“ (Fiege 2012, S. 36). Damit das funktioniert, ist eine **flexibel-digitale, granular-vernetzte Unternehmenskultur** zu etablieren, die aktuelle Bedarfe an Informationstransfer, Dialog, Urteilsbildung und Meinungsfindung de facto bedient. Und das insbesondere unter methodischer Berücksichtigung von Einflussgrößen wie „Enterprise 2.0“ (s. Kirf und Schömburg 2012, S. 93 ff.) und Big Data.

In diesem Zusammenhang erlangt das **Social Intranet** als Wissensspeicher, Kollaborationsplattform und Beziehungsstifter in der internen Kommunikation vermehrt Relevanz. Es eignet sich als Verfahren, bei dem „im Intranet eine ‚Informations-Broker-Plattform' bereitgestellt wird, wo Informationen einfach und mit minimalem Aufwand aggregiert, gefunden und per Push-Mechanismus (z. B. RSS-Feed) abonniert werden können (…)" (Fiege 2012, S. 36). Diese Praktik folgt den Push- und Pull-Mechaniken des Social Web (partizipieren, verlinken, kommentieren) und bereichert das vertrauens- und reputationszentrierte **Management unternehmensinterner Kommunikationsbeziehungen.** Zur erfolgreichen Anwendung ist die Bindung organisationaler Ressourcen (s. Sandhu 2015, S. 67) unerlässlich. Aber auch das Wissen um die Einhaltung von Datensicherheitsrichtlinien und Datenschutzbestimmungen gehört zum **digitalen Mainstream.** Zu diesen Sachverhalten finden sich detailliertere Erläuterungen in den Folgekapiteln.

1.10.2 Digitalisierung ist auch ein unternehmensinterner Sozialisationsprozess

Eine zentrale Bedingung für das Gelingen der Integration und Nutzbarmachung digitaler Technologien im Kommunikationsalltag in und außerhalb von Unternehmen ist indes, dass nicht nur Kommunikatoren für den digitalen Wandel in ihrer Profession bereit sein müssen. Auch die Unternehmen selbst, in denen digitale Transformation stattfindet und den Belegschaften zu erzählen bzw. erklären ist, müssen den Prozess und dessen Umsetzung mit grundlegender Offenheit und Verständnis tatkräftig unterstützen. Führungsetagen (Parole: „Digital Leadership") und Personaler sind – wie bereits vermerkt – Vorreiter (s. Kirf und Sommerwerck 2015, S. 19 f.) bei der Etablierung einer digitalen Unternehmens-DNA.

Ob digital und/oder analog: Kommunikation ist konstitutiver Teil moderner **Unternehmenskultur** und muss **ermöglicht** und **gelebt werden.** Daher stellt sich in unserem Darstellungs- und Interpretationskontext die wesentliche Frage: Wie viel Digitalisierung kann, braucht und verträgt ein Unternehmen? Und welche definierten Eckpfeiler und Zielsetzungen sind damit verbunden? Generell steht fest: Ohne eine entsprechende **technologische Infrastruktur** lassen sich digitale Kommunikation und ihre spezifischen Gestaltungsspielräume im Unternehmen nicht effektiv/effizient realisieren. Das klingt nahezu abgedroschen, ist aber essenziell und wird – insbesondere bei Mittelständlern – immer noch unterschätzt.

Kommunikationsmanager müssen nicht nur den eigenen, sondern auch den digitalen Blick ihrer internen Kommunikationsadressaten „updaten/upgraden", um für Verständnis und Akzeptanz des digitalen Wandels werben. Zu diesem Zweck sollten sie ein Spektrum ausdifferenzierter medialer Angebote und Anwendungen mit relevantem Content kreieren, verfügbar und nutzbar machen.

Im Schulterschluss mit HR-Funktionsträgern ist dafür zu sorgen, dass intern wie extern bewerkstelligte Online-Kommunikation i. S. eines **Wertekanons** regelkonform läuft, d. h. sich – auch mit Blick auf digitale Moral und Medienethik (Katzer 2016, S. 296) – an informelle Regelungen und disziplinierende Verhaltensmaße hält. Diese Prinzipien sollen vor allem verhindern, dass reputationsschädigende Äußerungen getätigt werden. Denn der bloße Appell an die eigene Netz-Verantwortung der User, die „freiwillige Bindung an moralische Normen und Werte im Netz" (Katzer 2016, S. 301) reicht nicht aus. Social Media Guidelines bestimmen, was kommunikativ im individuellen **Netzverhalten** von Unternehmensmitgliedern im Grundsatz erlaubt ist und was nicht, wo Stoppschilder gegen Fehlverhalten in den Diskursräumen des Social Web einzubauen sind. Somit wird die Unternehmenskommunikation auch zur Regelinstanz im Digital Life von Unternehmen. Das sollte im Rahmen der Implementierung von Content- und Online-Strategien und in der Krisenprophylaxe eigentlich zum Standard gehören, wird leider aber immer noch – vorrangig in Mittelstandsunternehmen – vernachlässigt (s. Kirf und Sommerwerck 2015, S. 18 ff.).

1.11 Digitale Kommunikationskultur: Im Spannungsfeld zwischen Online und Real Life

Es ist schon fast banal zu konstatieren: Durch den zunehmenden Einsatz webbasierter Tools, virtueller Kooperationen und flexibler Arbeitsformen verschwimmen die Grenzen zwischen den Routinen virtueller Existenz und den Verhaltensweisen und Wertvorstellungen im Real Life immer mehr, weil sie sich wechselseitig beeinflussen und interdependent sind (vgl. Katzer 2016, S. 285). Diejenigen, die Kommunikationsfunktionen verantworten, sind nicht nur Anwender, sondern auch **Mittler zwischen beiden Erfahrungs- und Kommunikationsräumen** und den in ihnen praktizierten Interaktionsformen. Sie sorgen für ein konstruktiv gestaltendes Miteinander derselben, modulieren und moderieren auch mögliche konkurrierende Optionen und Ansprüche – z. B. bei Produktinszenierungen und den damit verbundenen Anschlussdiskursen.

Somit fungieren Kommunikationsmanager in ihrer genuinen Funktion und den damit geforderten Fähigkeiten zu Empathie, emotionaler Intelligenz und sozialer Sensibilität, die bis dato kein Algorithmus ersetzt, weiterhin als Informations- und Bedeutungsproduzenten sowie **Moderatoren, Brückenbauer** und **Beziehungs-Enabler** (vgl. Pfannenberg 2011, S. 10). Auch im digitalen Change sind sie gefordert, sich in diesen Rollen in der zwischenmenschlichen Beziehungsgestaltung mit den Stakeholdern in ihrer Kommunikationsumgebung zu positionieren.

Und das natürlich auch mit einsehbarem Profil in den sozialen Medien, um dort als Protagonisten aktiv und für die unternehmensinternen und externen Adressaten ihrer Mitteilungen und Erläuterungen erreichbar zu sein.

1.11.1 „Total digital“[38] funktioniert (noch) nicht: Weiterhin großer Stellenwert des Dialogs[39] im kommunikativen Miteinander

Um diesem Anspruch zu genügen, muss auch der Frage nachgegangen werden, ob alle komplexen Botschaften, diskussions- und lösungsbedürftigen Themenbesetzungen auf den mobilen oder stationären Bildschirm passen? Wie bereits dargelegt: Auch wenn das Web 2.0 und dessen spezifische Handlungslogik der Aktivierung, des Austauschs, der diskursiven Konnektivität und Verlinkung die Arbeit von Unternehmenskommunikatoren erleichtert und bereichert, funktioniert die primäre Verlegung von Kommunikation in virtuelle Kanäle allein (noch) nicht. Digitalisierung und vernetzte Web-Verortung sind nicht der heilige Gral! Will man Informationen und Botschaften Stakeholdern dialogorientiert effektiv vermitteln, ist nicht nur ein rein text- und bildbasiertes Austauschen mit Feedbackschleifen und Bewertungsmöglichkeiten via Facebook-Seiten, Twitter-Accounts oder Whats-App opportun (vgl. kritisch Thummes und Mali 2015, S. 105 ff.). „Technische Möglichkeiten alleine sind aber noch kein Dialog“ (Sandhu 2015, S. 58).

Neben der digitalen On-Kultur hat vielmehr das direkte Gespräch in Form der verständigungsorientierten, personalisierten **Face-to-Face-Begegnung** weiterhin einen hohen Stellenwert für **reüssierende Kommunikationsverhältnisse.** Durch die Anbahnung und Förderung des unmittelbaren, informell-partizipativen Austauschs i. S. eines symmetrischen Verständnisses (s. Schultz und Wehmeier 2010, S. 422) von Kommunikationsbeziehungen, „indem sich Ego und Alter gegen das störende Dritte verbünden“ (Bolz 1995, S. 33), lassen sich nicht nur die eigenen Belange besser verdeutlichen, sondern auch die des Gegenübers leichter verstehen. Das gilt für alle funktionalen Ausrichtungen und Einsatzweisen der Unternehmenskommunikation – seien es PR-Kampagnen, die durch Dialogformate unterstützt werden oder Marken profilierende Auftritte vor ausgesuchtem Medienpublikum.

---

[38]So postulierte N. Negroponte euphorisch-prophetisch schon vor über 20 Jahren die virtuell-digitale Zukunft der Kommunikation als grundlegend neue Kultur auf einem digitalen Planeten (Negroponte 1995, S. 13).

[39]Zur Charakteristik des Dialogs als wechselseitige sprachliche Interaktion, die reflexive Prozesse prägen, s. aus kommunikationswissenschaftlicher Perspektive Szyszka (1996, S. 84 ff.) und Zerfaß und Pleil (2012, S. 43).

Vom jetzigen Standpunkt aus können personale Sozialbeziehungen nicht gänzlich durch Kommunikationstechnologien i. S. einer „Postsozialität" (Rödder 2015, S. 31) abgelöst werden. Das dokumentieren Einblicke in die Unternehmenskommunikationspraxis. So ist z. B. in „erklärungsbedürftigen" Informationslagen im Rahmen von Veränderungsprozessen die **authentische, persönlich-physische Begegnung** essenziell für die Erzielung von Kommunikationserfolgen (s. Kirf und Sommerwerck 2015, S. 40 ff.). Das Gleiche gilt selbstredend für die Areale einer dialogverpflichteten Regelkommunikation.

Diese These untermauert wiederum das Phänomen, dass konventionell erprobte Kommunikationspraktiken nicht einfach durch neue Verfahrensweisen abgelöst werden, sondern in der Melange nebeneinander stehen, sich ergänzen und teilweise überlagern können. Das zählt nicht nur für „digital immigrants", sondern auch für „digital natives" der Kommunikationsbranche, die gerne dem Sirenengesang digitaler Medien folgen und glauben, dass deren Gebrauch leichte Lösungen für diskursive bzw. verständigungsbezogene Kommunikationsprobleme bietet. Zudem sind Digital-Anwendungen – insbesondere in der Social-Web-Ausprägung – durch eine hohe potenzielle Dialogintensität und Interaktivität bestimmt (s. Mast 2013, S. 178), die es inhaltlich wie temporär überzeugend, d. h. in Echtzeit, schnell und reaktionsfähig, zu bedienen gilt. Dazu sind Social-Media-Tools unerlässliche Bestandteile.

Gleichwohl dürfen **Dialogangebote** sowohl im unternehmensexternen wie -internen „Relationship Management" (Winkler 2015, S. 36 ff.) nicht als „rhetorische Fassade" (Sandhu 2015, S. 60) missbraucht werden, die den proklamierten Willen zur Verständigung ohne Ernsthaftigkeit lediglich ausflaggt und dadurch leicht ab absurdum führt. Zudem ist kritisch zu hinterfragen, ob der viel beschworene normative Anspruch der Dialogorientierung bei der personalen Beziehungsgestaltung in der Kommunikationsstrategie von Unternehmen auch in der beabsichtigten Weise per se funktioniert. „Das Ziel der Realisierung partikularer Interessen steht der Ergebnisoffenheit des Dialogs in der Regel entgegen" (Röttger et al. 2014, S. 74 – vgl. die dialogkritischen Beiträge bei Hoffjann und Pleil 2015). Bei genauerem Hinsehen stellt sich indes die Frage, ob z. B. dialogorientierte Social-Media-Anwendungen/Plattformen überhaupt von den Betreibern/Usern dialogisch genutzt werden (Zerfaß und Droller 2015, S. 75 ff.). Denn in virtuellen Kontaktszenarien herrscht auch viel Volatilität und Unverbindlichkeit im kommunikativen Umgang. Ist dadurch der **postulierte Dialogwille** nur Makulatur bzw. ein Versprechen, das vorgetäuscht und nicht konsequent überzeugend genutzt wird?

Diese und andere Fragen klärt das nachfolgende Kapitel, das sich insbesondere mit Formen und Erscheinungsweisen der aktuellen und künftigen **Internen Kommunikation** im digitalen Transformationskontext beschäftigt.

Literatur

Ahlers, G.M. 2006. *Organisation der Integrierten Kommunikation. Entwicklung eines prozessorientierten Organisationsansatzes*. Wiesbaden: Gabler.

Alpar, P., und S. Blaschke. Hrsg. 2008. *Web 2.0. Eine empirische Bestandaufnahme*. Wiesbaden: Springer Vieweg.

Back, A., N. Gronau, und K. Tochtermann. Hrsg. 2009. *Web 2.0 in der Unternehmenspraxis. Grundlagen, Fallstudien und Trends zum Einsatz von Social Software,* 2. Aufl. München: Oldenbourg.

Barthes, R. 1988. *Das semiologische Abenteuer*. Frankfurt a. M.: Edition Suhrkamp.

Bentele, G., und D. Rutsch. 2001. Issues Management in Unternehmen: Innovation oder alter Wein in neuen Schläuchen? In *Issues Management. Theoretische Konzepte und praktische Umsetzung. Eine Bestandsaufnahme*, Hrsg. U. Röttger, 141–160. Wiesbaden: Westdeutscher Verlag.

Besson, N.A. 2003. *Strategische PR-Evaluation. Erfassung, Bewertung und Kontrolle von Öffentlichkeitsarbeit*. Wiesbaden: Westdeutscher Verlag.

Bolz, N. 1995. *Am Ende der Gutenberg-Galaxis. Die neuen Kommunikationsverhältnisse,* 2. Aufl. München: Fink.

Bolz, N. 2007. *Das ABC der Medien*. München: Fink.

Bruhn, M. 2000. Integrierte Kommunikation und Relationship Marketing. In *Integrierte Kommunikation in Theorie und Praxis. Betriebswirtschaftliche und kommunikationswissenschaftliche Perspektiven*, Hrsg. M. Bruhn, S.J. Schmidt, und J. Tropp, 3–20. Wiesbaden: Gabler & Westdeutscher Verlag.

Bruhn, M. 2014. *Integrierte Unternehmens- und Markenkommunikation. Strategische Planung und operative Umsetzung,* 6. Aufl. Stuttgart: Schäffer-Pöschel.

Bruhn, M. 2015. *Kommunikationspolitik. Systematischer Einsatz der Kommunikation für Unternehmen,* 8. Aufl. München: Vahlen.

BVDW. 2009. Social Media Kompass. http://www.bvdw.org/mybvdw/media/view/social-media-kompass?media=1235. Zugegriffen: 27. Juli 2017.

Castells, M. 2000. Der Aufstieg der Netzgesellschaft. Teil 1: Das Informationszeitalter. Opladen: Leske und Budrich.

Cole, T. 2015. *Digitale Transformation. Warum die deutsche Wirtschaft gerade die digitale Zukunft verschläft und was jetzt getan werden muss!* München: Vahlen.

Cornelissen, J. 2009. *Corporate communication. A guide to theory and practice,* 2. Aufl. London: SAGE Publications.

Deleuze, G., und F. Guattari. 1977. *Rhizom*. Berlin: Merve Verlag.

Dörfel, L., und T. Schulz. Hrsg. 2012. *Social Media in der Internen Kommunikation*. Berlin: SCM.

Donges, P., und K. Imhof. 2001. Öffentlichkeit im Wandel. In *Einführung in die Publizistikwissenschaft*, Hrsg. O. Jarren und H. Bonfadelli, 101–133. Bern: UTB & Haupt.

Dru, J.-M. 2007. *How disruption brought order. The story of a winning strategy in the world of advertising*. New York: Palgrave MacMillan.

Dyllick, T. 1992. *Management der Umweltbeziehungen. Öffentliche Auseinandersetzungen als Herausforderung,* 3. Aufl. Wiesbaden: Springer Fachmedien.

Ebersbach, A., M. Glaser, und R. Heigl. 2008. *Social web*. Konstanz: UVK.

Einwiller, S. 2014. Reputation und Image. Grundlagen, Einflussmöglichkeiten, Management. In *Handbuch Unternehmenskommunikation*, Hrsg. A. Zerfaß und M. Piwinger, 367–387. Wiesbaden: Springer.

Eisenegger, M. 2005. *Reputation in der Mediengesellschaft. Konstitution – Issues Monitoring – Issues Management*. Wiesbaden: VS Verlag.

Eisenegger, M. 2016. Negierte Reputation. Zur Logik medienöffentlicher Skandalisierungen. In *Mediated Scandals. Gründe, Genese und Folgeeffekte von medialer Skandalberichterstattung*, Hrsg. M. Ludwig, T. Schierl, und C. von Sikorski, 33–57. Köln: Halem.

Endert, J. 2010. Von Rückkopplung, Selbstverstärkung, Aufschaukelung und Resonanz im Falle Köhler. http://www.carta.info/28445/von-rueckkopplung-selbstverstaerkung-aufschaukelung-und-resonanz-im-falle-koehler/. Zugegriffen: 27. Juli 2017.

Esch, F.-R. 2004. *Strategie und Technik der Markenführung*, 2. Aufl. München: Vahlen.

Etventure (o. J.). Digitale transformation. http://www.etventure.de/digitale-transformation/. Zugegriffen: 27. Juli 2017.

Fiege, R. 2012. *Social Media Balanced Scorecard. Erfolgreiche Social Media-Strategien in der Praxis*. Wiesbaden: Springer Vieweg.

Floridi, L. 2015. *Die 4. Revolution. Wie die Infosphäre unser Leben verändert*. Berlin: Suhrkamp.

Franck, G. 1998. *Ökonomie der Aufmerksamkeit. Ein Entwurf*. München: Hanser.

Freeman, R.E. 2010. *Strategic management. A stakeholder approach*. New York: Cambridge University Press.

Frenzel, K., M. Müller, und H. Sottong. 2004. *Storytelling. Die Kraft des Erzählens fürs Unternehmen nutzen*. München: Hanser.

Geier, M. 1999. *Fake. Leben in künstlichen Welten. Mythos – Literatur – Wissenschaft*. Reinbek bei Hamburg: Rowohlt Taschenbuch.

Gibson, W. 1984. *Neuromancer*. München: Heyne.

Grenz, T., und G. Möll. Hrsg. 2014. *Unter Mediatisierungsdruck. Änderungen und Neuerungen in heterogenen Handlungsfeldern*. Wiesbaden: Springer VS.

Grunig, J.E., und T. Hunt. 1984. *Managing public relations*. New York: HBJ.

Habermas, J. 1962. *Strukturwandel der Öffentlichkeit. Untersuchungen zu einer Kategorie der bürgerlichen Gesellschaft*. Darmstadt: Luchterhand.

Haller, P., und W. Twardawa. 2014. *Die Zukunft der Marke. Handlungsempfehlungen für eine neue Markenführung*. Wiesbaden: Springer Gabler.

Hepp, A. 2016. Kommunikations- und Medienwissenschaft in datengetriebenen Zeiten. *Publizistik* 61 (3): 225–246.

Herbst, D. 2011. *Storytelling*, 2. Aufl. Konstanz: UVK.

Herbst, D., und T.H. Musiolik. 2016. *Digital Storytelling. Spannende Geschichten für interne Kommunikation, Werbung und PR*. Konstanz: UVK.

Herger, N. 2004. *Organisationskommunikation. Beobachtung und Steuerung eines organisationalen Risikos*. Wiesbaden: VS Verlag.

Herger, N. 2005. Public Relations im Kontext der Unternehmenskommunikation. In *Handbuch der Public Relations. Wissenschaftliche Grundlagen und berufliches Handeln*, Hrsg. G. Bentele, R. Fröhlich, und P. Szyszka, 254–267. Wiesbaden: VS Verlag.

Herger, N. 2006. *Vertrauen und Organisationskommunikation. Identität – Marke – Image – Reputation*. Wiesbaden: VS Verlag.

Hillenbrand, T. 2010. Unternehmen im sozialen Netz: Die Facebook-Falle. Online veröffentlicht am 16.04.2010 auf Spiegel-Online. http://www.spiegel.de/netzwelt/web/unternehmen-im-sozialen-netz-die-facebook-falle-a-688975.html. Zugegriffen: 27. Juli 2017.

Himmelreich, S., und S. Einwiller. 2015. Wenn der ‚Shitstorm' überschwappt – Eine Analyse digitaler Spillover in der deutschen Print- und Onlineberichterstattung. In *Strategische Onlinekommunikation. Theoretische Konzepte und empirische Befunde,* Hrsg. O. Hoffjann und T. Pleil, 183–205. Wiesbaden: Springer VS.

Hoffmann, K. 2015. *Web oder stirb! Erfolgreiche Unternehmenskommunikation in Zeiten des digitalen Wandels*. Freiburg: Haufe.

Hoffjann, O., und T. Pleil. Hrsg. 2015. *Strategische Onlinekommunikation. Theoretische Konzepte und empirische Befunde*. Wiesbaden: Springer VS.

Hubbard, M. 2004. *Markenführung von innen nach außen. Zur Rolle der internen Kommunikation als Werttreiber für Marken*. Wiesbaden: VS Verlag.

Huck, I. 2009. *Wahrnehmungen und Wahrnehmungsphänomene im Agenda-Setting-Prozess*. Baden-Baden: Nomos.

Ingenhoff, D., und U. Röttger. 2006. Issues Management. Ein zentrales Verfahren der Unternehmenskommunikation. In *Unternehmenskommunikation. Kommunikationsmanagement aus Sicht der Unternehmensführung*, Hrsg. B.F. Schmid und B. Lycek, 319–350. Wiesbaden: Gabler.

Jäger, W., und L. Rolke. Hrsg. 2011. *Personalkommunikation. Interne und externe Öffentlichkeit für HR-Themen gewinnen*. Köln: Luchterhand.

Jarvis, J. 2015. *Ausgedruckt. Journalismus im 21. Jahrhundert*. Kulmbach: Plassen.

Karmasin, M. 2005. Stakeholder-Management als Ansatz der PR. In *Handbuch der Public Relations. Wissenschaftliche Grundlagen und berufliches Handeln*, Hrsg. G. Bentele, R. Fröhlich, und P. Szyszka, 268–280. Wiesbaden: VS Verlag.

Katzer, C. 2016. *Cyberpsychologie. Leben im Netz. Wie das Internet uns ver@ndert*. München: Dtv.

Keese, C. 2016. *Silicon Germany. Wie wir die digitale Transformation schaffen.*. München: Knaus.

Keen, A. 2007. *The cult of the amateur. How today's internet is killing our culture*. New York: Doubleday.

Kirchner, K. 2001. *Integrierte Unternehmenskommunikation*. Wiesbaden: Westdeutscher Verlag.

Kirf, B. 2011. Das Kommunikationskonzept als Steuerungsinstrument strategischer Unternehmenskommunikation. In *Kommunikationsmanagement. Strategie – Wissen – Lösungen*, Hsrg. G. Bentele, M. Piwinger, und G. Schönborn, 2.39, S. 1–38. Köln: Luchterhand.

Kirf, B. 2015. Krisen und Krisenkommunikation in der Mediengesellschaft 2.0. Eine Bestandsaufnahme. In *Kommunikationsmanagement Strategie – Wissen – Lösungen*, Hrsg. G. Bentele, M. Piwinger, und G. Schönborn, 2.67, 1–67. Köln: Luchterhand.

Kirf, B., und K.-N. Eicke. 2016. Zehn Thesen zu Trends und Tendenzen des künftigen Kommunikationsmanagements. In *Kommunikationsmanagement. Strategie – Wissen – Lösungen*, Hrsg. G. Bentele, M. Piwinger, und G. Schönborn, 1.49, 1–28. Köln: Luchterhand.

Kirf, B., und L. Rolke. Hrsg. 2002. *Der Stakeholder-Kompass. Navigationsinstrument für die Unternehmenskommunikation*. Frankfurt a. M.: F.A.Z. Institut.

Kirf, B., und S. Schömburg. 2012. Enterprise 2.0 in der internen Personalkommunikation. In *Enterprise 2.0 – Die digitale Revolution der Unternehmenskultur*, Hrsg. W. Jäger und L. Rolke, 93–105. Köln: Luchterhand.

Köhler, T. 2006. *Krisen-PR im Internet. Nutzungsmöglichkeiten, Einflussfaktoren und Problemfelder*. Wiesbaden: VS Verlag.

Köhler, T. 2008. Gefahrenzone Internet – Die Rolle der Online-Kommunikation bei der Krisenbewältigung. In *Krisenmanagement in der Mediengesellschaft. Potenziale und Perspektiven der Krisenkommunikation*, Hrsg. T. Nolting und A. Thießen, 233–252. Wiesbaden: VS Verlag.

Kollmann, T., und H. Schmidt. 2016. *Deutschland 4.0. Wie die digitale Transformation gelingt*. Wiesbaden: Springer Gabler.

Kreutzer, R.T., und K.-H. Land. 2015. *Dematerialisierung. Die Neuverteilung der Welt in Zeiten des digitalen Darwinismus*. Köln: Future Vision Press.

Kucklick, C. 2015. *Die granulare Gesellschaft. Wie das Digitale unsere Wirklichkeit auflöst,* 2. Aufl. Berlin: Ullstein.

Kübler, H.-D. 2009. *Mythos Wissensgesellschaft. Gesellschaftlicher Wandel zwischen Information, Medien und Wissen. Eine Einführung,* 2. Aufl. Wiesbaden: VS Verlag.

Leipziger, J. 2009. *Konzepte entwickeln. Handfeste Anleitungen für bessere Kommunikation,* 3. Aufl. Frankfurt a. M.: F.A.Z. Buch.

Liebl, F. 2000. *Der Schock des Neuen. Entstehung und Management von Issues und Trends.* München: Gerling Akademie Verlag.

Liebl, F. 2003. Erkennen, abschätzen, Maßnahmen ergreifen. Issues Management auf dem Weg zum integrierten Strategiekonzept. In *Chefsache Issues Management. Ein Instrument zur strategischen Unternehmensführung – Grundlagen, Praxis, Trends*, Hrsg. M. Kuhn, G. Kalt, und A. Kinter, 62–73. Frankfurt a. M.: F.A.Z. Buch.

Lies, J. Hrsg. 2015. *Praxis des PR-Managements. Strategien – Instrumente – Anwendung.* Wiesbaden: Springer Gabler.

Ludwig, M., und T. Schierl. 2016. „Mediated Scandals und ihre Folgeeffekte. Eine einführende Betrachtung der Risiken und Relevanz medialer Skandalberichterstattung". In *Mediated Scandals. Gründe, Genese und Folgeeffekte von medialer Skandalberichterstattung*, Hrsg. M. Ludwig, T. Schierl, und C. von Sikorski, 16–32. Köln: Halem .

Luhmann, N. 1996. *Die Realität der Massenmedien,* 2. Aufl. Opladen: Westdeutscher Verlag.

Mast, C. 2008. „Nach der Krise ist vor der Krise – Beschleunigung der Krisenkommunikation". In *Krisenmanagement in der Mediengesellschaft. Potenziale und Perspektiven der Krisenkommunikation*, Hsrg. T. Nolting und A. Thießen, 98–111. Wiesbaden: VS Verlag.

Mast, C. 2013. *Unternehmenskommunikation. Ein Leitfaden,* 5. Aufl. Konstanz: UVK Verlagsgesellschaft.

McQuivey, J. 2013. *Digital Disruption: Unleashing the Next Wave of Innovation.* Las Vegas: Amazon Publishing.

Meckel, M. 2009. *Das Glück der Unerreichbarkeit. Wege aus der Kommunikationsfalle.* München: Goldmann.

Meckel, M., und K. Stanoevska-Slabeva. Hrsg. 2008. *Web 2.0. Die nächste Generation Internet.* Baden-Baden: Nomos.

Merten, K. 2001. Determinanten des Issues Management. In *Issues Management. Theoretische Konzepte und praktische Umsetzung. Eine Bestandsaufnahme*, Hrsg. Ulrike Röttger, 41–57. Wiesbaden: Westdeutscher Verlag.

Merten, K. 2013. *Die Konzeption von Kommunikation. Theorie und Praxis des strategischen Kommunikationsmanagements.* Wiesbaden: Springer VS.

Merten, K. 2014. PR, Image und Inszenierungsgesellschaft. *Publizistik* 1 (2014): 45–64. Wiesbaden: Springer VS.

Meyer, T. 2001. *Mediokratie. Die Kolonisierung der Politik durch die Medien*. Frankfurt a. M.: Edition Suhrkamp.
Möhrle, H. Hrsg. 2016. *Krisen-PR. Risiken und Krisen souverän managen. Das Handbuch der Kommunikationsprofis,* 3. Aufl. Frankfurt a. M.: F.A.Z. Buch.
Moss, C. Hrsg. 2016. *Der Newsroom in der Unternehmenskommunikation. Wie sich Themen effizient steuern lassen*. Wiesbaden: Springer VS.
Negroponte, N. 1995. *Total digital. Die Welt zwischen 0 und 1 oder die Zukunft der Kommunikation*. München: Bertelsmann.
Nolting, T., und A. Thießen. Hrsg. 2008. *Krisenmanagement in der Mediengesellschaft. Potenziale und Perspektiven der Krisenkommunikation*. Wiesbaden: VS Verlag.
Obermaier, R. Hrsg. 2016. *Industrie 4.0 als unternehmerische Gestaltungsaufgabe. Betriebswirtschaftliche, technische und rechtliche Herausforderungen*. Wiesbaden: Springer Gabler.
Peters, P. 2011. *Reputationsmanagement im Social Web. Risiken und Chancen von Social Media für Unternehmen, Reputation und Kommunikation*. Norderstedt: Social Media Verlag.
Pfannenberg, J. Hrsg. 2011. *Corporate Communications im Web 2.0. Relevanz und Legitimität für das Unternehmen*. Düsseldorf: Verlag PR Career Center.
Piwinger, M., und V. Porák. Hrsg. 2005. *Kommunikations-Controlling – Kommunikation und Information quantifizieren und finanziell bewerten*. Wiesbaden: Gabler.
Rademacher, L. 2009. *PR und Kommunikationsmanagement*. Wiesbaden: VS Verlag.
Rödder, A. 2015. *21.0 Eine kurze Geschichte der Gegenwart,* 2. Aufl. München: Beck.
Rössler, P. 2005. Themen der Öffentlichkeit und Issues Management. In *Handbuch der Public Relations. Wissenschaftliche Grundlagen und berufliches Handeln*, Hrsg. G. Bentele, R. Fröhlich, und P. Szyszka, 361–376. Wiesbaden: VS Verlag.
Röttger, U. Hrsg. 2001. *Issues Management. Theoretische Konzepte und praktische Umsetzung. Eine Bestandsaufnahme*. Wiesbaden: Westdeutscher Verlag.
Röttger, U., J. Preusse, und J. Schmitt. 2014. *Grundlagen der Public Relations. Eine kommunikationswissenschaftliche Einführung,* 2. Aufl. Wiesbaden: Springer VS.
Rötzer, F. 1998. *Digitale Weltentwürfe. Streifzüge durch die Netzkultur*. München: Hanser.
Rolke, L., und W. Jäger. 2009. Kommunikations-Controlling. In *Handbuch Kommunikation*, Hrsg. M. Bruhn, F.-R. Esch, und T. Langner, 1021–1041. Wiesbaden: Springer Gabler.
Sandhu, S. 2015. Dialog als Mythos: Normative Konzeptionen der Online-PR im Spannungsfeld zwischen Technikdeterminismus und strategischem Handlungsfeld. In *Strategische Online-Kommunikation. Theoretische Konzepte und empirische Befunde*, Hrsg. O. Hoffjann und T. Pleil, 57–74. Wiesbaden: Springer VS.
Schenk, M., M. Taddicken, und M. Welker. 2008. Web 2.0 als Chance für die Markt- und Sozialforschung. In *Kommunikation, Partizipation und Wirkungen im Social Web. Grundlagen und Methoden,* Bd. 1, Hrsg. A. Zerfaß, M. Welker, und J. Schmidt, 243–266. Köln: Halem.
Schick, S. 2014. *Interne Unternehmenskommunikation. Strategien entwickeln, Strukturen schaffen, Prozesse steuern*, 5., aktualisierte Aufl. Stuttgart: Schäffer-Poeschel.
Schindler, M.-C., und T. Liller. 2011. *PR im Social Web. Das Handbuch für Kommunikationsprofis*. Köln: O'Reilly Verlag.
Schmidbauer, K., und E. Knödler-Bunte. 2004. *Das Kommunikationskonzept. Konzepte entwickeln und präsentieren*. Potsdam: University Press UMC Potsdam.

Schmidt, B. F., und B. Lyczek. 2007. Die Rolle der Kommunikation in der Wertschöpfung der Unternehmung. In *Unternehmenskommunikation. Kommunikationsmanagement aus Sicht der Unternehmensführung*, Hsrg. B. F. Schmidt und B. Lyczek, 2. Aufl. Wiesbaden: Gabler.

Schultz, F., und S. Wehmeier. 2010. Online Relations. In *Handbuch Online-Kommunikation*, Hrsg. W. Schweiger und K. Beck, 409–433. Wiesbaden: Springer VS.

Schulz, W. 1997. *Politische Kommunikation. Theoretische Ansätze und Ergebnisse empirischer Forschung zur Rolle der Massenmedien in der Politik*. Opladen: Westdeutscher Verlag.

Schulz, C., und S. Grimm. 2015. Perspektiven und Wandel in der Digitalen Revolution. In *Die neue Öffentlichkeitsarbeit. Wie gute Kommunikation heute funktioniert: Strategien – Instrumente – Fallbeispiele*, Hrsg. L. Steinke, 31–48. Wiesbaden: Springer Gabler.

Schmieja, P. 2014. *Storytelling in der internen Unternehmenskommunikation. Eine Untersuchung zur organisationalen Wertevermittlung*. Wiesbaden: Springer Gabler.

Schwarz, A. 2010. *Krisen-PR aus Sicht der Stakeholder. Der Einfluss von Ursachen- und Verantwortungszuschreibungen auf die Reputation von Organisationen*. Wiesbaden: Springer VS.

Stalder, F. 2016. *Kultur der Digitalität*. Berlin: Suhrkamp.

Steinke, L. 2014a. *Bedienungsanleitung für den Shitstorm. Wie gute Kommunikation die Wut der Masse bricht*. Wiesbaden: Springer Gabler.

Steinke, L. 2014b. *Kommunizieren in der Krise. Nachhaltige Werkzeuge für schwierige Zeiten*. Wiesbaden: Springer Gabler.

Steinke, L. Hrsg. 2015. *Die neue Öffentlichkeitsarbeit. Wie gute Kommunikation heute funktioniert: Strategien – Instrumente –Fallbeispiele*. Wiesbaden: Springer Gabler.

Sunstein, C.R. 2009. *Infotopia. Wie viele Köpfe Wissen produzieren*. Frankfurt a. M.: Suhrkamp.

Svendsen, A. 1998. *The stakeholder strategy. Profiting from collaborative business relationships*. San Francisco: Berrett-Koehler Publishers.

Szyszka, P. 1996. Kommunikationswissenschaftliche Perspektiven des Dialogbegriffs. In *Dialogorientierte Unternehmenskommunikation. Grundlagen – Praxis – Perspektiven*, Hrsg. G. Bentele, H. Steinmann, und A. Zerfaß, 81–106. Berlin: Vistas Verlag.

Szyszka, P. 2004. Integrierte Kommunikation als Kommunikationsmanagement. In *Public Relations – Perspektiven und Potenziale im 21. Jahrhundert*, Hrsg. T. Köhler und A. Schaffranietz, 199–215. Wiesbaden: Springer VS.

Szyszka, P., und U.-M. Dürig. Hrsg. 2008. *Strategische Kommunikationsplanung*. Konstanz: UVK.

Theis-Berglmair, A.M. 2003. *Organisationskommunikation. Theoretische Grundlagen und empirische Forschungen*, 2. Aufl. Münster: LIT Verlag.

Thießen, A. 2011. *Organisationskommunikation in Krisen. Reputationsmanagement durch situative, integrierte und strategische Krisenkommunikation*. Wiesbaden: VS Verlag.

Thummes, K., und M. Malik. 2015. Beteiligung und Dialog durch Facebook? Theoretische Überlegungen und empirische Befunde zur Nutzung von Facebook-Fanseiten als Dialogplattform in der Marken-PR. In *Strategische Online-Kommunikation Theoretische Konzepte und empirische Befunde*, Hrsg. O. Hoffjann und T. Pleil, 105–130. Wiesbaden: Springer VS.

Turkle, S. 2015. *Reclaiming conversation. The power of talk in a digital age*. New York: Penguin Press.

Unger, F., und W. Fuchs. 2005. *Management der Marktkommunikation,* 3. Aufl. Wiesbaden: Springer.
Van Dijck, J. 2014. Datafication, dataism and dataveillance: Big data between scientific paradigm and ideology. In *Surveillance and Society* 12:197–208.
Van Riel, C.B.M. 1992. *Principles of corporate communication*. Prentice Hall: Academic Servive.
Van Riel, C.B.M., und C.J. Fombrun. 2008. *Essentials of corporate communication. Implementing practices for effective reputation management*, 2. Aufl. London: Routledge.
Walsh, G., B.H. Hass, und T. Kilian. Hrsg. 2011. *Web 2.0. Neue Perspektiven für Marketing und Medien,* 2. Aufl. Berlin: Springer.
Weichert, S., L. Kramp, und A. von Streit. 2010. *Digitale Mediapolis. Die neue Öffentlichkeit im Internet*. Köln: Halem.
Will, M. 2007. *Wertorientiertes Kommunikationsmanagement*. Stuttgart: Schäffer-Poeschel Verlag.
Wimmer, J. 2008. Gegenöffentlichkeit 2.0: Formen, Nutzung und Wirkung kritischer Öffentlichkeiten im Social Web. In *Kommunikation, Partizipation und Wirkungen im Social Web. Grundlagen und Methoden*, Hrsg. A. Zerfaß, M. Welker, und J. Schmidt, Bd. I, 210–230. Köln: Halem.
Winkler, P. 2015. Wider die reine Netzwerkrhetorik. Plädoyer für eine netzwerksoziologisch informierte Online-PR. In *Strategische Online-Kommunikation Theoretische Konzepte und empirische Befunde*, Hrsg. O. Hoffjann und T. Pleil, 31–53. Wiesbaden: Springer VS.
Zerfaß, A. 2004. *Unternehmensführung und Öffentlichkeitsarbeit. Grundlegung einer Theorie der Unternehmenskommunikation und Public Relations,* 2. Aufl. Wiesbaden: VS Verlag.
Zerfaß, A. 2006. Kommunikations-Controlling. Methoden zur Steuerung und Kontrolle der Unternehmenskommunikation. In *Unternehmenskommunikation. Kommunikationsmanagement aus Sicht der Unternehmensführung*, Hrsg. B.F. Schmid und B. Lyczek, 353–396. Wiesbaden: Gabler.
Zerfaß, A. 2007. Unternehmenskommunikation und Kommunikationsmanagement: Grundlagen, Wertschöpfung, Integration. In *Handbuch Unternehmenskommunikation*, Hrsg. M. Piwinger und A. Zerfaß, 21–70. Wiesbaden: Gabler.
Zerfaß, A., und M. Droller. 2015. Kein Dialog im Social Web? Eine vergleichende Untersuchung zur Dialogorientierung von deutschen und US-amerikanischen Nonprofiit-Organisationen im partizipativen Internet. In *Strategische Online-Kommunikation. Theoretische Konzepte und empirische Befunde*, Hrsg. O. Hoffjann und A. Zerfaß, 75–103. Wiesbaden: Springer VS.
Zerfaß, A., und T. Pleil. Hrsg. 2012. *Handbuch Online-PR. Strategische Kommunikation im Internet und Social Web*. Konstanz: UVK.

Weiterführende Literatur

Becker, D. 2005. *Form und Formen der Kommunikation*. Frankfurt a. M.: Suhrkamp.
Becker, C. 2012. Krisenkommunikation unter den Bedingungen von Internet und Social Web. In *Handbuch Online-PR. Strategische Kommunikation in Internet und Social Web*, Hrsg. A. Zerfaß und T. Pleil, 365–381. Konstanz: UVK.

Bolz, N. 1994. *Das kontrollierte Chaos*. Düsseldorf: Econ.

Bruhn, M., und M. Boenigk. 2000. Integrierte Kommunikation in deutschen Unternehmen. Ergebnisse einer empirischen Untersuchung. In *Integrierte Kommunikation in Theorie und Praxis. Betriebswirtschaftliche und kommunikationswissenschaftliche Perspektiven*, Hrsg. M. Bruhn, S.J. Schmidt, und J. Tropp, 65–85. Wiesbaden: Gabler & Westdeutscher Verlag.

Bruhn, M., S.J. Schmidt, und J. Tropp. Hrsg. 2000. *Integrierte Kommunikation in Theorie und Praxis. Betriebswirtschaftliche und kommunikationswissenschaftliche Perspektiven*. Wiesbaden: Gabler & Westdeutscher Verlag.

Dru, J.-M. 2002. *Beyond disruption. Changing the rules in the marketplace*. New York: Wiley.

Frey, C.B., und M.A. Osborne. 2013. *The future of employment: How susceptible are jobs to computerisation?* Oxford: University Press.

Kirf, B., und M. Sommerwerck. 2015. Strategisches Kommunikationsmanagement im Mittelstand. In *Kommunikationsmanagement. Strategie – Wissen – Lösungen*, Hrsg. G. Bentele, M. Piwinger, und G. Schönborn, 2.70, 1–54. Köln: Luchterhand.

Ludwig, J. 1998. Öffentlichkeitswandel durch „Gegenöffentlichkeit"? Zur Bedeutung computer-vermittelter Kommunikation für gesellschaftliche Emanzipationsprozesse. In *Computervermittelte Kommunikation. Öffentlichkeit im Wandel*, Hrsg. E. Prommer und G. Vowe, 177–209. Konstanz: UVK Medien.

Ludwig, M., T. Schierl, und C. von Sikorski. Hrsg. 2016. *Mediated Scandals. Gründe, Genese und Folgeeffekte von medialer Skandalberichterstattung*. Köln: Halem.

Merten, K., S.J. Schmidt, und S. Weischenberg. Hrsg. 1994. *Die Wirklichkeit der Medien*. Opladen: Westdeutscher Verlag.

Neuberger, C., C. Nuernbergk, und M. Rischke. 2009. "Googleisierung" oder neue Quellen im Netz? Anbieterbefragung III: Journalistische Recherche im Internet. In *Journalismus im Internet. Profession, Partizipation, Technisierung*, Hrsg. C. Neuberger, C. Nuernbergk, und M. Rischke, 295–334. Wiesbaden: VS Verlag.

Piwinger, M., und A. Zerfaß. Hrsg. 2007. *Handbuch Unternehmenskommunikation*. Wiesbaden: Gabler.

Röttger, U. 2005. Aufgabenfelder. In *Handbuch der Public Relations. Wissenschaftliche Grundlagen und berufliches Handeln*, Hrsg. G. Bentele, R. Fröhlich, und P. Szyszka, 498–507. Wiesbaden: VS Verlag.

Rolke, L., und J. Sass. Hrsg. 2016. *Kommunikationssteuerung: Wie Unternehmenskommunikation in der digitalen Gesellschaft ihre Ziele erreicht*. Berlin: De Gruyter & Oldenbourg.

Springer Gabler Verlag (Herausgeber), Gabler Wirtschaftslexikon, Stichwort: Digitalisierung. http://wirtschaftslexikon.gabler.de/Archiv/-2046143105/digitalisierung-v3.html. Zugegriffen: 27. Juli 2017.

Schulz, W. 2014. Mediatization and new media. In *Mediatization of politics. Understanding the transformation of Western democracies*, Hrsg. F. Esser und J. Strömbäck, 57–73. New York: Palgrave & McMillan.

Siefer, W. 2015. *Der Erzähl-Instinkt. Warum das Gehirn in Geschichten denkt*. München: Hanser.

Thießen, A. Hrsg. 2013. *Handbuch Krisenmanagement*. Wiesbaden: Springer VS.

2 Interne Kommunikation und Digitalisierung

Kai-Nils Eicke

2.1 Einführung

Wenn Schick die Interne Kommunikation das „Rückgrat" der Unternehmenskommunikation nennt (vgl. Schick 2014, S. VIII, XX), kann man unter dem Aspekt der digitalen Transformation künftig vom Nervenzentrum der Unternehmenskommunikation sprechen. Denn genauso wie Nerven ihre Impulse und Signale erhalten und weitergeben und damit auf Basis eines gesamten Nervensystems ein biologisches Informationssystem entsteht (vgl. Varela und Maturana 1979, 1984; Singer 2013; Luhmann 1996), so führt eine gut funktionierende interne Unternehmenskommunikation organisatorische, administrative, informelle und offizielle Unternehmensinformationen zusammen und führt diese strukturiert weiter aus dem Unternehmen heraus wieder in das Unternehmen hinein. Der dabei entstehende „information flow" (vgl. Dretske 1999) bildet das Grundrauschen, in dem sich ein Unternehmen im Organisations-, Business- und Wissensmanagement weiterentwickelt und auf dessen Basis wiederum eine Corporate Identity fußen kann – vergleichbar möglicherweise mit dem Bewusstsein, das auf Basis neuronaler Prozesse entsteht bzw. superveniert. Und spätestens an dieser Stelle wird die Interne Kommunikation auch zum Rückgrat und Nervenzentrum für die externe Kommunikation, da auch der Informationsaustausch nach außen hin – also außerhalb des Unternehmenskörpers – erfolgt, und zwar bidirektional bzw. multidirektional in verschiedene Richtungen. Am Ende verschwimmen dabei die klassischen Grenzen zwischen interner und externer Kommunikation, wie jüngere Entwicklungen in der Kommunikationspraxis zeigen.

Die Herausforderung für die interne Kommunikation in Zeiten der sogenannten digitalen Transformation erscheinen weniger dramatisch, wenngleich sie durchaus einen fundamentalen Charakter aufweisen. Schließlich erleben wir schon seit gut 20 Jahren – und darüber hinaus – eine exponentielle Zunahme an

B. Kirf et al., *Unternehmenskommunikation im Zeitalter der digitalen Transformation,* https://doi.org/10.1007/978-3-658-15364-9_2

Digitalisierung in den Geschäfts- und Kommunikationsprozessen. Wir sind den Change gewohnt – was ist also neu? Neu sind vor allem die Geschwindigkeit und Quantität, die mit Digitalisierung und digitaler Kommunikation verbunden sind. Die Rasanz mit der Informationen im Arbeitsalltag verfügbar und zu bewältigen sind, ist im Grunde beeindruckend. Gleiches gilt für die Menge an Informationen, die längst unter dem Stichwort der „Informationsflut" als Belastung oder auch Zumutung verstanden wird. Das zentrale neue Movens und die positive Chance, die mit der Digitalisierungswelle verbunden ist, sind eindeutig in der kulturellen Dimension zu sehen.

Hier kann direkt ein mögliches Missverständnis ausgeräumt werden: Die derzeitige digitale Transformation ist mitnichten eine rein technische Frage, sie ist im Wesentlichen eine kulturelle Frage. Eine solche These muss natürlich begründet werden. An dieser Stelle kann schon einmal formuliert werden, dass natürlich die digitalen technischen Möglichkeiten – wenn wir von Maschine-zu-Maschine-Kommunikation, dem Internet der Dinge oder Augmented Reality sprechen – beeindruckend und umfassend sind. In einer technischen IT-Dimension stecken dahinter vielfach schlicht noch bessere Prozessoren, die das optimale aus der Chip-Technologie herausholen. Damit ist auf immer kleinerem Raum eine immer größere Datenmenge abbildbar. In der Kombination mit Kabeln und Funk ist damit eine rasante Verbreitung oder Vernetzung von Daten möglich, auch hierbei auf Basis einer technologischen Weiterentwicklung. Für die Kommunikation sind dabei der Einsatz, Nutzen und die Anwendung der digitalen Instrumente interessant – und damit verbunden die Frage, wie sich Verhalten, Handlungsweisen und Beziehungen verändern. Damit sind wir bei den Usern angelangt, den Menschen, die sich im Rahmen der digitalen Transformation neu aufstellen, bewegen und definieren. Deshalb ist die digitale Transformation eine kulturelle Frage.

Die Herausforderungen für die Interne Unternehmenskommunikation bestehen dabei in der kommunikativen Begleitung der Neugestaltung von Prozessen, Methoden, Verfahren und Anwendungen, die mit der zunehmenden Digitalisierung einhergehen. Hinzu kommt der Wandel der kommunikativen Erwartungen der Mitarbeiter aufgrund des technischen Fortschritts. Es gibt schlichtweg Ansprüche an eine zeitgemäße moderne interne Kommunikation in Unternehmen. Damit verbunden ist auch ein verändertes Rollenverständnis von Mitarbeitern und Führungskräften, das sich auch aus den Methoden und Formaten rund um digitale Kulturen – unter dem Stichwort Social Business – entwickelt hat. Für eine Unternehmenskommunikation bzw. die Abteilung Interne Kommunikation ergeben sich damit zwei zentrale Aufgabenfelder: zum einen die Kommunikation bzw. kommunikative Begleitung der digitalen Transformation, also der zunehmend digitalisierten Prozesse und Abläufe in den Unternehmen. Und zum anderen die

Transformation der Kommunikation selbst, sprich: die Einführung digitaler Kommunikationstools und -prozesse. Dabei muss sich die interne Unternehmenskommunikation als Pointe fortlaufend selbst digital erneuern. Und dies alles ist mitnichten lediglich als Etablierung von digitalen Tools zu verstehen, sondern darüber hinaus als Etablierung eines neuen „digital way of life and work".

2.2 Die neue digitale Arbeitswelt

Perspektivisch werden Maschinen immer intelligenter und übernehmen Schritt für Schritt qualifizierte Tätigkeiten. Längst sind nicht nur Fabrikarbeiter betroffen und müssen um Jobs befürchten, sondern auch Wissensarbeiter, Übersetzer, Buchhalter oder Administratoren können künftig betroffen sein. Dann sind es die Roboter, Bots oder KI-Kollegen, die mit künstlicher Intelligenz schneller, präziser und effizienter die Fach- und Sacharbeiten erledigen. Die digitale Transformation wird viele Arbeiten dramatisch verändern – und damit auch die Arbeitskultur und die interne Kommunikation in Unternehmen. Die digitale Transformation definiert das Verhältnis zwischen Mensch und Maschine neu. In der Produktion arbeiten erste humanoide Roboter bereits Hand in Hand mit Facharbeitern. In den Büros halten digitale Kommunikationstechnologien Einzug in die Abteilungen. Die Beschäftigten arbeiten mit diesen neuen digitalen Instrumenten und realisieren somit neue Formen des Wissenstransfers im Unternehmen. Das steigert nicht nur die Produktion und Produktivität bestehender Prozesse.

In der Zielsetzung wird auch die Innovationsfähigkeit von Unternehmen gestärkt. Unter dem Stichwort Industrie 4.0 steht die Marktdynamik stellvertretend für die Geschwindigkeit mit der sich die digitale Transformation vollzieht – mit Blick auf Maschine-zu-Maschine-Kommunikation, Internet der Dinge oder Big Data. Die allgegenwärtige Vernetzung ermöglicht Daten-Analysen beinahe in Echtzeit. In der Produktion ist die Revolution durch die Robotik im Grunde schon längst abgeschlossen. Hier stellt sich eher die Frage, wie „schlau" die Maschinen noch werden und welcher menschenunabhängige Austausch sich künftig in den Bestell-und-Produktionsverfahren in der Supply Chain etablieren lässt.

Woher kommt diese Veränderung? Schlagwort ist hier inzwischen die so genannte „VUCA-Welt". VUCA steht dabei als Akronym für Volatilität, Unsicherheit, Komplexität und Ambiguität.[1] Mit dieser Codierung soll die veränderte technologische wie auch die damit verbundene gesellschaftliche Entwicklung

[1] Ursprünglich fand der Begriff beim US-Militär Verwendung, bis er in das Vokabular von strategischer Kommunikation überführt wurde (vgl. Wolf 2007, S. 115).

erfasst werden (vgl. Petry 2016, S. 25 ff.). Technologisch steht dabei inzwischen die grundsätzliche Verfügbarkeit von Informationen, die Allgegenwärtigkeit der Medien wie auch inzwischen die Vernetzung von Menschen, Maschinen oder Künstlichen Intelligenzen im Fokus. In der sozialen Dimension wird – wie schon so oft – auf das Interaktionspotenzial im Internet verwiesen und auf die kommunikativen Gewohnheiten und Ansprüche der digital ausgerüsteten Menschen, User und insbesondere der „Digital Natives", oder auch auf den demografischen Wandel. In einer weiteren wirtschaftlichen Dimension muss festgestellt werden, dass einerseits viele Produkte aufgrund des globalen Wettbewerbs in deutlich schnelleren Zyklen zur „Commodity", sprich: zum Standard, werden und damit eine mögliche Unique Selling Proposition (USP) für Produkte oder Unternehmen verschwindet. Und andererseits fällt es aufgrund einer medialen und marketingerfahrenen Saturiertheit der Konsumenten schwer mit der unternehmenseigenen Botschaft den Kommunikationswettbewerb zu durchdringen, um überhaupt wahrgenommen zu werden (vgl. van Riel und Fombrun 2007).

Tatsächlich hat sich der Wettbewerb durch die Globalisierung, die anhaltende technologische Entwicklung und international konkurrierende Kompetenzen und nicht zuletzt durch disruptive Geschäftsmodelle, die digital getrieben sind, verschärft. Die Konsequenz ist für Unternehmen nicht minder dramatisch: Denn um den Fortbestand von Unternehmen zu gewährleisten, müssen Geschäftsprozesse an die Digitalisierung angepasst werden. Unternehmen müssen diese kontinuierlichen Veränderungen wahrnehmen, reflektieren und antizipieren. Sie müssen sich vorbereiten und – so scheint es – künftig flexibler und agiler sein und sich in Zusammenarbeit und Arbeitsprozessen, in Kompetenzen oder Wissensentwicklung wie auch in Informationswegen neu organisieren. Die lernfähige Organisation ist schon länger ein Anspruch an Unternehmen, durch die Digitalisierung wird ihr neue Relevanz zuteil. Unternehmen müssen sich weiterentwickeln, um im Markt zu bestehen. Damit wird die Innovationsfähigkeit hinsichtlich der unternehmerischen Leistung zu einem zentralen strategischen und auch kommunikativen Handlungsfeld. Der digitale Wandel umfasst insofern die Transformation von Geschäftsmodellen und ist – als Teil der Unternehmensstrategie – genuine Aufgabe der Geschäftsführung. Die Unternehmensstrategie muss dabei technische, operative und kulturelle strategische Dimensionen in den Blick nehmen und zukünftige gesellschaftliche, marktwirtschaftliche und organisationale Entwicklungen antizipieren. Daraus ergibt sich abgeleitet auch die Forderung nach effizienter Kommunikation in beruflichen Kontexten.

Die Veränderung in der Unternehmenskultur umfasst dabei zentrale technologische Kernthemen wie die Vernetzung von Menschen, Maschinen und Gegenständen und damit verbunden Künstlicher Intelligenz (KI) sowie Big Data. Hinzu kommen neue Arten der Kommunikation und Interaktion (durch Digital Natives und Co., entsprechende soziale Kommunikationsstrukturen), aber auch die Neuorganisation von Informations- und Wissensständen vor dem Hintergrund der wachsenden Informationsflut und damit verbundener Halbwertszeit von Wissen. Das hat Konsequenzen hinsichtlich der Wettbewerbssituation und der Arbeitswelt – und bedarf Gestaltung.

Mitarbeiter auf verschiedenen Ebenen müssen in der neuen digitalen Arbeitswelt ausgestattet, befähigt und begleitet werden. Das Anforderungsprofil wird teilweise elektronischer und generalistischer. Berufseinsteiger wie Berufserfahrene müssen mit dem zielgerichteten Umgang mit den jeweiligen Medien geschult und qualifiziert werden. Dabei müssen Hemmungen und Schwellenängste abgebaut werden – auch was gegebenenfalls den eigenen Bedeutungsverlust angeht. Speziell die sogenannte Industrie 4.0 wird einen erheblichen Effekt auf Arbeitsmodelle, Berufe und Erwerbstätigkeit haben. Die Geschwindigkeit von Informationen, Big Data und komplexe Algorithmen werden einen erheblichen Einfluss auf die Wissens- und Informationsgesellschaft haben. Neue Jobprofile entstehen mit völlig anderen Kompetenztiefen, Büroarbeit und Sachbearbeitertätigkeiten werden software-technisch immer stärker abgebildet. Sämtliche Tätigkeiten, die sich um Sortier- oder Zuordnungsprozesse drehen – wie beispielsweise auch buchhalterische Tätigkeiten – werden zunehmend zu maschinengeführten Tätigkeiten werden. Die Arbeitsmittel werden sich in vielen Bereichen noch weiter digitalisieren. Intelligente, selbstlernende Software wird für besser qualifizierte Wissensarbeiter zur Herausforderung – die Interpretation der Daten werden perspektivisch ebenfalls Maschinen und Künstliche Intelligenzen übernehmen. Dafür werden Berufe wie Data Analysts (Abb. 2.1) immer wichtiger (vgl. Kirf und Eicke 2016). Ebenso kommt „Smarter Working" mit flexiblen Arbeitszeiten, Orten und Strukturen. Mobile Arbeit, Co-Working, Vertrauensarbeitszeit oder Cloud Work sind hier die Stichworte.

Egal in welchem Wirtschaftszweig, fest steht: Die Digitalisierung wird zu einem deutlichen Wandel der Arbeitswelt führen. Unter den Begriffen „digitale Arbeitswelten" oder einfach „Arbeitswelt 4.0" zeichnen sich tief greifende Veränderungen beginnend mit der Arbeitsorganisation/-gestaltung und endend mit einer neuen Arbeitskultur ab. Dabei lassen sich verschiedene „Entwicklungslinien" darstellen, wie z. B. hyperflexible Arbeitszeiten und Arbeitsorte, mobiles und flexibles Arbeiten, flache Hierarchien, mehr Eigenverantwortung und Selbstorganisation von Mitarbeitern, mobile Workforces, kollaborative Netzwerke sowie schließlich eine Entwicklung hin zu mehr temporären Projektarbeitsweisen innerhalb unternehmensinterner Netzwerke. Die Arbeit wird im Spannungsfeld zwischen Kommunikation und Interaktion stattfinden, beispielsweise in Multispace-Offices für projektbezogen temporäre Arbeitsteams. Social Business ist

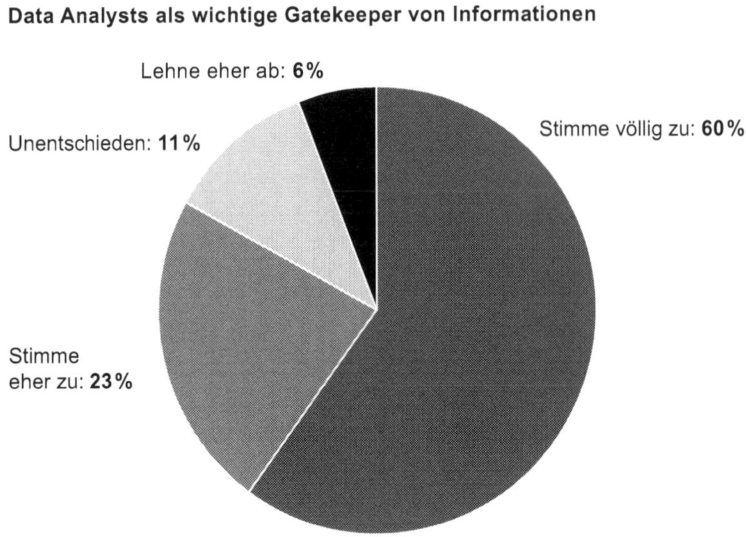

Abb. 2.1 Menschliche Data Analysts werden in der Unternehmenskommunikation immer wichtiger, um aus großen Datenmengen relevante Informationen extrahieren zu können. (s. Kirf und Eicke 2016, S. 17)

hierbei ein zentrales Schlagwort. Die Grundidee dahinter ist letztlich, die Vorteile aus der kommunikativen Praxis in den privaten Lebenswelten der Mitarbeiter für die Arbeitsorganisation zu nutzen, indem im Grunde das private Mediennutzungsverhalten für Arbeitsprozesse und in geschäftliche Kontexte übertragen wird. Dabei ist die Etablierung von Social-Business-Prinzipien eine tief greifende strategische Veränderung, die die Kultur und die technische Infrastruktur eines Unternehmens betrifft. Weitergehend wird der Begriff des Digital Workplaces als Weiterentwicklung des Intranet bzw. als Plattform diskutiert. Auch hierbei müssen neben technologischen auch kulturelle Aspekte betrachtet werden (vgl. Oppermann 2017).

Der Social-Business-Ansatz ist kein rein technologisch induziertes Verfahren. Vielmehr steht der Mensch als Kommunikator im Fokus dieses Prozesses. Die angestrebte Vernetzung, Kommunikation und Kollaboration stellt Unternehmen vor kulturelle, psychologische, soziologische, kommunikative, inhaltliche und prozessuale Herausforderungen. Social Business schafft neue Formen der

Vernetzung und verändert dadurch bestehende Beziehungsverflechtungen innerhalb eines Unternehmens. Ziel ist es, mithilfe des Social-Business-Ansatzes beispielsweise die Projektarbeit durch virtuelle Arbeitsräume zu vereinfachen, damit Teammitglieder schnell und direkt Informationen und Dokumente miteinander austauschen. Neben dem Auffinden von Informationen ist es auch schneller und einfacher möglich, das Expertenwissen im Unternehmen zu heben und Mitarbeiter anhand ihres jeweiligen Social-Profils in Projekten im Sinne des Unternehmens einzusetzen. Man kann hierbei neue Kompetenzen fördern und das Wissen der Mitarbeiter unternehmensübergreifend, auch in neuen Kontexten, nutzen. So wird perspektivisch aus einer Mitarbeiterschaft eine dynamische Community, die mit kooperativer Kreativität zur Steigerung der Wertschöpfung im Unternehmen beiträgt. Dabei müssen Unternehmen sehr genau prüfen, inwiefern sie auf Basis der bestehenden Kultur dazu in der Lage sind, Social-Business-Strukturen – auch hinsichtlich Medienkompetenz, Dialogfähigkeit und Geschwindigkeit – mit selbst organisierten Prozessen in ihrer Arbeitsorganisation sinnvoll zuzulassen.

Auch der Digital Workplace sollte in diesem Zusammenhang als ganzheitliches organisatorisches Arbeitsplatzkonzept verstanden werden. Digitale Technik, Software und Künstliche Intelligenzen erhalten möglicherweise eine immer stärkere Unterstützerfunktion im Arbeitsalltag der Menschen, die zunehmend nur noch – mobil und Geräte übergreifend über Apps oder Sprachansagen – steuern und weniger ausführen (vgl. Külschbach 2017).

Dabei wird deutlich, dass sich in der digitalen Arbeitswelt von morgen die Wertschöpfungsketten weitgehend autonom organisieren. Die menschliche Arbeitskraft wird zwar nicht überflüssig, bekommt aber grundlegend neue Aufgaben. Zunehmend wird ein vernetztes und kollaboratives Zusammenarbeiten als Innovationsleistung mit dem Ziel der Weiterentwicklung von Unternehmen erforderlich. Damit verändern sich auch die Anforderungen an die Kompetenzen von Mitarbeitern und, wie beschrieben, die Anforderungen an eine interne Kommunikations- und Arbeitskultur. Dabei werden im Übrigen auch klassische Personalentwicklungsprozesse der rein beruflich-fachlichen Qualifizierung durchbrochen. Die Entwicklung von Schlüsselkompetenzen und von Methodenfähigkeiten, von Haltungen und Einstellungen gewinnt an Relevanz, das meint die Entwicklung von Kompetenzen, die die Mitarbeiter in die Lage versetzen, sich in „offenen, unüberschaubaren, komplexen und dynamischen Situationen selbst organisiert zurechtzufinden“ (vgl. Erpenbeck und von Rosenstiel 2003). Das geschieht mit Blick auf neue Arbeits- und Managementmethoden, die unter dem Stichwort Social Business stärker auf Kooperation, Schwarmintelligenz oder auch eine digitale Start-up-Mentalität setzen. Neben den Fachkompetenzen werden eben sogenannte Schlüsselkompetenzen und eine generalistische Haltung wichtiger werden.

Damit sind umgekehrt die Unternehmen gefordert, ihren Mitarbeitern geeignete Rahmenbedingungen und Qualifikationsmöglichkeiten zu bieten.

Alle diese aufgrund der Digitalisierung erfolgten veränderten Anforderungen in der Arbeitswelt stellen auch die Corporate Communication – und mit Blick auf die internen Prozesse der Arbeitsorganisation und Unternehmenskultur – insbesondere die interne Unternehmenskommunikation vor im Kern drei neue Herausforderungen: die kommunikative Begleitung digitaler Prozesse, die Digitalisierung von Kommunikation sowie die Etablierung einer digitalen Kultur.

2.3 Digitale Insights: Rolle und Anforderungen an die Interne Kommunikation

„PR begins at home" hat Bernays 1955 griffig formuliert (Bernays 1955). Und gerade in aktuellen Zeiten sind Unternehmen und Kommunikatoren gut beraten, den Blick auch nach innen zu wenden, bewusst Nabelschau zu betreiben und die unternehmenseigenen kommunikativen Qualitäten zu prüfen und zu bewerten. Die Interne Kommunikation als Organisationseinheit bzw. Abteilungsbereich der Unternehmenskommunikation hat in den letzten 20 Jahren eine beachtliche Entwicklung absolviert und als Teil der Corporate Communication an Bedeutung gewonnen. Denn aus der Corporate-Perspektive fokussieren die internen Kommunikationsexperten den „Unternehmenskörper" bzw. die Organisation als Ganzes hinsichtlich kommunikativer Abläufe und auch Probleme: „Organizations are networks of people who communicate with each other. In all organizations, communications flow vertically and horizontally, internally and externally, formally and informally, linking employees internally to each other, to various layers of management, and to the many external resource-holders of the organization" (vgl. van Riel und Fombrun 2007). Nicht jede Kommunikation hat dabei einen direkten Arbeitsbezug oder zahlt auf die Unternehmensziele ein. Aber die meisten Kommunikationen, Dialoge und Aussagen in einem Unternehmen beeinflussen die Wahrnehmung der Beteiligten und Beobachter des Unternehmens hinsichtlich seiner Aktivitäten – und haben damit eine Auswirkung hinsichtlich Image, Markenbild und Reputation (vgl. van Riel und Fombrun 2007).

In der ursprünglichen Randbedeutung einer kommunikativen Pflicht mit dem Kernmedium der Mitarbeiterzeitung und notwendigen Mitarbeiterveranstaltungen wurden längst das Potenzial und die Bedeutung einer aktiven internen Kommunikation als Teil der Wertschöpfung des Unternehmens erkannt.

> Der Gedanke, dass eine effiziente interne Kommunikation Wettbewerbsvorteile bringt, setzt sich bei immer mehr – vor allem größeren – Unternehmen durch. Sie erkennen, dass mangelhafte Kommunikation nach innen schmerzhafte, ökonomisch messbare Auswirkungen haben kann: z. B. hohe Fluktuationsraten bei Mitarbeitern, teure Kompromisse mit den Gewerkschaften bei Personalabbau-Programmen oder die Vernichtung von wertvollem Wissen der Mitarbeiter, das nicht in die Produktionsprozesse des Unternehmens einfließt (vgl. Mast 2013, S. 224).

Die schlichte Formel lautet: motivierte Mitarbeiter leisten einen deutlich aktiveren Wertbeitrag und sind leistungsstärker. Einer dysfunktionalen Arbeitskultur mit negativem „Spirit" und möglicherweise „Blockern" im Unternehmen wird ein nicht nur funktionales, sondern sogar dynamisches Klima gegenübergestellt, in dem das Unternehmen von aktiven Werten getrieben wird, wo ein aktiver, transparenter Informationsfluss herrscht, kritische Phasen einfach bewältigt werden und die Menschen – im Sinne einer lernenden und sich weiterentwickelnden Organisation – einander inspirieren. Dahinter steckt natürlich auch ein modernes Mitarbeiter- und Menschenbild (vgl. Abschn. 2.8). Aufgabe der Internen Kommunikation ist es deshalb, als Kommunikationsmanagement verstanden, zu einem solchen positiven Arbeitsklima und einer dynamischen Kultur beizutragen. Kommunikation ist dabei in einem ganz direkten Sinne eine Managementaktivität. Mit „Sprechakten" (vgl. Searle 1969) werden vonseiten der Geschäftsführung, von Topmanagern, Führungskräften wie Mitarbeitern sowohl Unternehmensentscheidungen als auch Arbeitshandlungen vollführt und somit Wertschöpfung für das Unternehmen betrieben.

Was sind dabei die konkreten Aufgabenfelder Interner Kommunikation? Interne Kommunikation „[…] umfasst sämtliche kommunikativen Prozesse, die sich in einem Unternehmen zwischen dessen Mitgliedern abspielen. Interne Kommunikation stellt die Verbindung zwischen den Individuen eines arbeitsteiligen Systems her" (Mast 2013, S. 223). Zudem beschreibt Interne Kommunikation „[…] alle kommunikativen und informativen Vorgänge (…), die zwischen den Mitgliedern eines Unternehmens oder einer Organisation ablaufen" (Einwiller und Landmeier 2012, S. 201). Durch Interne Kommunikation erfolgt Wertschöpfung. Denn eine gut funktionierende Interne Kommunikation ist die Voraussetzung für das Gelingen organisationaler Prozesse. Sie kann dazu beitragen, die Umsetzung von Plänen und Projekten zu beschleunigen und damit auch die Produktivität, Leistungs- und Bestandsfähigkeit von Unternehmen zu steigern. Durch die Vermittlung von relevanten Informationen befähigt sie die Mitarbeiter und erweitert deren Know-how – über das Unternehmen, aktuelle Entwicklungen und Implikationen für den Arbeitsalltag. Dabei fördert sie die zielorientierte Interaktion zwischen Mitarbeitern und Führungskräften und ermöglicht die Abstimmung und Harmonisierung unterschiedlicher Interessen. Die Zielsetzung dabei ist das Heben von Unterstützungspotenzialen durch Akzeptanz- und Vertrauensbildung, um damit schließlich auch eine erhöhte Mitarbeitermotivation, -bindung und Loyalität zu erreichen.

Durch die Digitalisierung verändern sich Rolle und Anforderungen an die Interne Kommunikation selbstverständlich. Dabei bleiben die typischen und bereits etablierten Handlungsfelder der Internen Kommunikation zunächst einmal bestehen. Neu ist die Rolle als Unterstützer, Innovator und möglicher Treiber von Digitalisierung. Dabei müssen die Abteilungs- und Teamleiter, Referenten und Mitarbeiter selbst offen sein und als „Sensoren" die digitale Entwicklung und die damit verbundenen Chancen wie auch Risiken erkennen können. Tatsächlich verlieren die Unternehmenskommunikatoren ein Stück weit ihre Deutungshoheit – durch ein Mehr an Transparenz. Entsprechend müssen sie lernen, auch mit nicht-autorisierten Aussagen von Mitarbeitern in offiziellen Unternehmenskanälen wie Foren oder Chats umzugehen, sie werden zum Kultur- und Beziehungsmanager (vgl. Schick 2014, S. 3).

Dabei können mit zunehmender Digitalisierung in Unternehmen drei Handlungsfelder bzw. Ebenen unterschieden werden: Erstens müssen die Unternehmenskommunikatoren auf einer operativen Ebene die Einführung digitaler und technischer Neuerungen und Abläufe, beispielsweise in Produktion, Servicebereichen oder Administration, kommunikativ begleiten. Sie müssen zweitens auf einer kommunikativen Ebene für die Unternehmenskommunikation neue digitale Tools, Kanäle und Formate entwickeln, einführen und etablieren. Und sie müssen drittens auf einer kulturellen Ebene die Etablierung eines „digitalen Mindsets" im Unternehmen begleiten. Letzteres kann nur in Abstimmung mit dem Personalbereich eines Unternehmens, der „HR", erfolgreich umgesetzt werden. Dabei empfiehlt sich auch hier ein systematisches, zielgerichtetes, konzeptionelles Vorgehen.

Die Grundfrage, wie tiefgreifend der digitale Wandel bzw. die digitale Transformation in einem Unternehmen sein soll, bildet die Maßgabe für das „kommunikative Programm". Ganz klassisch folgt die Kommunikation und die Interne Kommunikationsstrategie dabei der Unternehmensstrategie. Es ist eine Entscheidung des Managements bzw. der Geschäftsführung, welche digitale Richtung und welche damit verbundenen Neuerungen im Unternehmen erforderlich sind. Diese Entscheidungen werden extrinsisch auch durch Marktbedingungen und gesellschaftliche äußere Faktoren bestimmt. Sollen die technische digitale Weiterentwicklung und das damit verbundene digitale Mindset Teil des Unternehmens bzw. der Unternehmenskultur werden, ist dies gleichbedeutend mit einem fundamentalen Wandel, einer Transformation. Entsprechend muss eine solche Entscheidung Bestandteil der Unternehmensstrategie werden und „ganz oben", auf Geschäftsführungsebene, aufgehängt sein – und auch in der internen Kommunikation von eben dieser aktiv unterstützt werden. Hier sind deutliche Signale, welcher Weg im Unternehmen eingeschlagen werden soll, notwendig, um diesen Wandel anzustoßen. Die Interne Kommunikation ist entsprechend dazu aufgefordert, in ihrer Rolle als Vermittler und Erklärer zu begründen, warum diese Transformation erforderlich ist; sie soll Orientierung geben, was sich grundsätzlich und auch auf operativer Ebene im Arbeitsalltag verändert. Und das idealerweise auf Basis eines Kommunikationskonzeptes adäquat zur Unternehmensstrategie und der damit verbundenen Digitalstrategie und nicht singulär getrieben durch ad-hoc-Entscheidungen. Zur neuen Rolle der Unternehmenskommunikatoren siehe auch Abb. 2.2.

Interne Kommunikation ist eine strategische Managementaufgabe und ermöglicht, was ein Vorstand oder Geschäftsführer nur begrenzt leisten kann: mit Mitarbeitern in den Dialog treten und vom Kurs des Unternehmens überzeugen. „Unter Management von Kommunikation werden die Möglichkeiten und Grenzen verstanden, Kommunikationsstrategien zu planen bzw. umzusetzen und hierzu

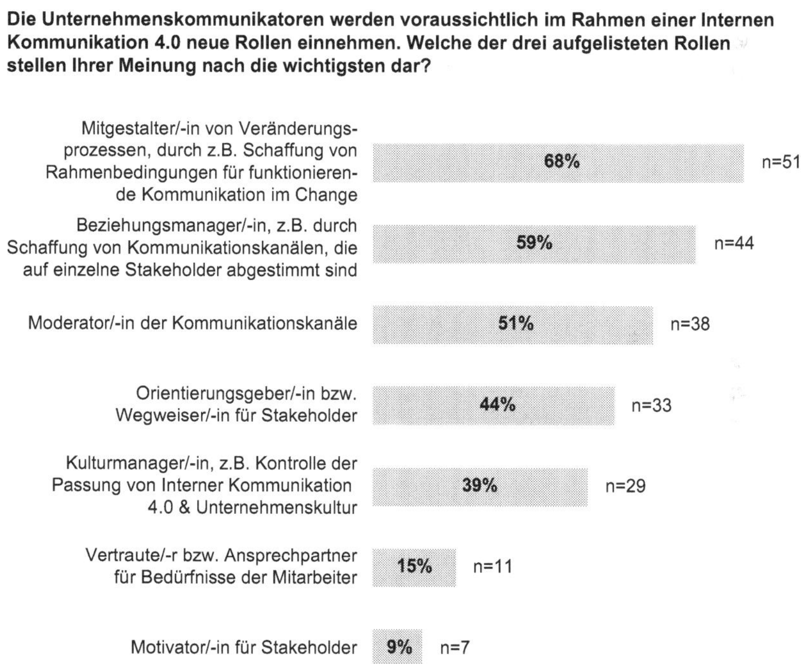

Abb. 2.2 Rolle der Internen Unternehmenskommunikation. (s. Jäger et al. 2017, S. 25)

Handlungsstrukturen und -abläufe zu etablieren, die Kommunikationsprozesse prägen oder mit gestalten“ (vgl. Mast 2006). Digitale Formate potenzieren dabei die Möglichkeiten des Managements, mit ihren Mitarbeitern in den Dialog zu gehen. Über Chats oder Webcasts – und perspektivisch auch über Formate der Augmented Reality – kann eine Unmittelbarkeit der Kommunikation erreicht werden, die die Grenzen zwischen digitaler Vermittlung und realer Direktheit verschwinden lässt. Obwohl man sich an verschiedenen Orten aufhält und möglicherweise zu verschiedenen Zeiten miteinander in Kontakt tritt, ist ein intensiver direkter Austausch möglich und das sogar mit größeren Gruppen, die eine gemeinsame Teilhabe an einem „digitalen Event“ erleben.

Das Management kann damit seine Überzeugungen und seine Botschaften jenseits der klassischen Kaskade direkt und mit großer Durchschlagskraft ins Unternehmen und in die gesamte Mitarbeiterschaft tragen. Denn Ziel des strategischen Kommunikationsmanagements ist das Bemühen, „(…) durch die Koordination zentraler Kommunikationsaktivitäten eines Unternehmens darauf [Anm. d. Autors: sowohl auf die Darstellung als auch auf die Wahrnehmung des Unternehmens] einzuwirken, damit in relevanten Meinungsmärkten ein möglichst schlüssiges und widerspruchsfreies Profil des Unternehmens und/oder seiner Leistungen entstehen kann“ (vgl. Szyszka 2004, S. 211). Durch die digitalen Potenziale kann dieser Anspruch in der internen Kommunikation bei einer immerhin eingrenzbaren Stakeholdergruppe aufgrund der „digitalen Unmittelbarkeit“ immer besser erreicht werden. Das Kommunikationsmanagement umfasst dabei alle Ebenen, die eine gemeinsame Vision des Unternehmens innerhalb der Organisation etablieren und dabei – insbesondere im Rahmen einer digitalen Transformation – das Vertrauen in die Geschäftsführung und die Identifikation der Mitarbeiter mit dem Unternehmen stärken (vgl. Pincus et al. 1991). Interne Kommunikation prägt somit das Selbstverständnis und die Kultur im Unternehmen.

Auch für die Interne Kommunikation als Abteilung geht es dabei um ein erweitertes Set an Kompetenzen. Zunächst sollte die Kommunikationsstrategie konzeptionell und operativ die Digitalisierung mit einbeziehen. Es müssen Kommunikationsstrukturen aufgebaut werden, die dem Aspekt der Geschwindigkeit gerecht werden – und schnelle interne und externe Abstimmungsfähigkeit und Sprechfähigkeit absichern. Die Medienkompetenz der Kommunikatoren muss erweitert werden, vor allem im Umgang mit neuen Kommunikationskonditionen 2.0. Entsprechend muss die Dialogfähigkeit erweitert und eine bi-direktionale Kommunikation mit den internen Stakeholdern etabliert werden. Schließlich müssen laufend die Informations- und Kommunikationsprozesse systematisch beobachtet und auf ihren Output hin überprüft werden. Denn Verständlichkeit in digitalen Kontexten bleibt wichtige Anforderung an eine interne Kommunikation: Es müssen klare stakeholder-relevante Botschaften vermittelt werden. Eine zusätzliche Rollenanforderung wird der Abteilung Interne Kommunikation unbestritten durch das Thema „Big Data“ zufallen. Denn Data Analysts werden auch in der internen Unternehmenskommunikation immer wichtiger, um aus großen Datenmengen relevante Informationen extrahieren zu können. Unbestritten hat der menschliche Data Analyst als Beschaffer der erforderlichen Informationen eine signifikante Schlüsselfunktion im Kommunikationsmanagement. Er bildet in seinen Funktionen als Kollektor und Provider extrahierter Daten die Schnittstelle zwischen dem Datenreservoir und den Kommunikatoren. Entscheidend ist dafür die Übertragung der Daten in kommunikative Kontexte und Sinnzusammenhänge (vgl. Kirf und Eicke 2016).

Interne Kommunikation wird dadurch für Unternehmen weiterhin immer wichtiger und kann ihre Rolle stärken. Sie muss sogar mehr Aufgaben und Verantwortung übernehmen und die digitale Transformation vorantreiben. Dabei treten kluge Unternehmenskommunikatoren als Gestalter auf und prägen die Prozesse und Projekte zur Digitalisierung im Unternehmen mit. Nicht nur mit Blick auf die Digitalisierung der Kommunikationsmedien, sondern auch hinsichtlich einer kollaborativen Kommunikationskultur sollte dies im Grunde eine Selbstverständlichkeit sein. In Hinsicht auf die Komplexität und die Geschwindigkeit von Kommunikation gilt dabei mehr denn je: „A sound policy and program of communication should be part of the day-to-day operating philosophy of every modern corporation“ (Bullis 1948, S. 21). Eine solche „Policy“ sollte grundsätzlich von der Geschäftsführung ausgehen und lässt sich als Teil einer digitalen Corporate Identity verstehen.

2.4 Digitalisierung als Teil der Corporate Identity

Der digitalen Transformation können sich kein Geschäftsbereich und keine zentralen Funktionen im Unternehmen entziehen. Auch in der internen Kommunikation geht es darum, neue technische Möglichkeiten zu verstehen und auf ihren Mehrwert hin zu prüfen. Und das vor dem Hintergrund, dass es keinen Königsweg in die Zukunft gibt. Noch ist nämlich nicht klar, wo die Reise mittel- und langfristig überhaupt hingeht. Verschiedene Chancen und Risiken zeichnen sich allerdings ab. Es muss durch die Interne Kommunikation ein Transfer der Unternehmensstrategie in kommunikative Botschaften erfolgen. Die Aufgabe besteht dabei darin, alle im Unternehmen Beteiligten – Geschäftsführung, Topmanagement, Führungskräfte und Mitarbeiter – einzubinden. Damit ergeben sich ein erweitertes Bild und ein hoher Stellenwert von Interner Kommunikation, die für klar definierte Richtlinien, Zuständigkeiten und Schnittstellen sorgt.

Die Interne Kommunikation ist damit eine Führungsaufgabe und folgt der Unternehmensstrategie. Dieses Diktum gilt auch für die digitale Transformation. Denn die Digitalisierung in einem Unternehmen sollte zwingend von der Geschäftsführung vorangetrieben werden. Richtig verstanden muss sie mindestens Teil der Unternehmensstrategie sein – mit zugehöriger Digitalstrategie – sowie auch Teil der Corporate Identity (CI) werden. Corporate Identity ist dabei Chefsache. Vorstand, Geschäftsführung oder Präsidium müssen von Anfang an in den Prozess integriert sein. Nur wenn allen Beteiligten klar ist, dass der CI-Prozess auch von ganz oben getragen wird, ist er erfolgreich. Die Entwicklung der Corporate Identity ist dabei als ein Prozess der Selbstreflexion zu verstehen. „Ist das Selbstverständnis (im Unternehmen) nicht mehr zeitgemäß, muss es sich weiterentwickeln“ (vgl. Herbst 2014, S. 147). Das bedeutet, dass jedes Corporate-Identity-Projekt verschiedene Phasen dieses Prozesses durchlaufen muss, um erfolgreich zu sein. Insofern ist Corporate Identity Teil der integrierten Kommunikation und schafft idealerweise Orientierung. Vision, Mission, Werte, Leitlinien und Leitbilder geben zusätzlich Orientierung und Motivation für Mitarbeiter, Kunden und auch externe Stakeholder. Die Ausgestaltung solcher Phasen ist abhängig von der Unternehmensgröße und dem Unternehmenszweck. Aus einer konzeptionellen Perspektive betrachtet, dient ein Corporate-Identity-Prozess der Positionierung der Identität und des Selbstverständnisses, einschließlich zentraler Elemente wie der strategischen Grundorientierung, der Technologieorientierung oder der Beziehung zu Mitarbeitern wie externen Stakeholdern, mit verhaltenssteuernden Werten und Normen.

Mit der Etablierung der Digitalisierung als Teil der Strategie oder der Corporate Identity ändert sich de facto die Unternehmenspersönlichkeit. Eine solche Ergänzung und Veränderung im Unternehmen ist wegweisend. Denn Corporate Identity ist nicht nur Selbstverständnis und Ausdruck, sondern auch praktizierte „Persönlichkeit“ einer Organisation in ihren Charakteristika. Um es auf den Punkt zu bringen: Ein Unternehmen, in dem jeder Mitarbeiter ein Diensthandy besitzt, ist in seiner Persönlichkeit ein anderes Unternehmen geworden als ein Unternehmen allein mit Festnetzanschlüssen. Denn die Mitarbeiter im Unternehmen können operativ ganz anders agieren. Das technische Artefakt Handy bzw. Mobiltelefon macht diese Mitarbeiter zu digitalen Akteuren und Kommunikatoren. Die Mobilität wird um ein Vielfaches erhöht, Kommunikation ist nicht mehr ortsgebunden. Aber auch andere Formen des Austausches, der Informationsbeschaffung oder der Wissensvermittlung werden möglich. Denn in der aktuellen Form als Smartphone sind Mobiltelefone kleine, mobile Computer, die – tatsächlich im McLuhanschen bzw. technikphilosophischen Sinne – als digitale Prothesen die

Aktionsmöglichkeiten der Mitarbeiter und Führungskräfte verändern und erweitern (vgl. McLuhan 1967).

Ähnlich gravierend wird entsprechend der Einsatz von Augmented-Realtiy-Formaten oder Big-Data-getriebenen Prozessen und Vernetzungsformaten sein. Die Corporate Communication bündelt dabei alle nach innen (und nach außen) gerichteten kommunikativen Aktivitäten: Sie steuert die Bereitschaft zum Dialog, fördert ein partnerschaftliches Geben und Nehmen von Informationen und kann die für eine digitale Kultur so wichtige Grundvoraussetzung von Offenheit und Vertrauen unterstützen. Letzteres allerdings nur auf Basis eines klar sichtbaren Votums und dem zugehörigen Verhalten durch die Geschäftsführung. Corporate Identity ist in diesem Sinn nicht nur ein Kommunikationskonzept, sondern ein zentraler Bestandteil der strategischen Unternehmensführung. Die Digitalisierung muss kommunikativ stark und sichtbar durch die Geschäftsführung gesteuert werden, um realistische Erfolgsaussichten zu haben und eine kontinuierliche Umsetzung ins operative Geschäft zu erreichen. Nur so kann die Unternehmenspersönlichkeit auf allen Ebenen ihre „personale Identität" ändern, digitalisieren und auch im Markt und gegenüber externen Stakeholdern erkennbar agieren.

Hinsichtlich der Corporate Identity hat die Interne Kommunikation wie die Unternehmenskommunikation insgesamt unter dem Einfluss der Digitalisierung und der damit verbundenen zunehmend veränderten Arbeitswelt eine besondere Herausforderung zu meistern: Das Diffundieren des Unternehmens.

Unter dem Einfluss von maschinengesteuerten Produktionsprozessen, digitalisierter Administration oder KI-begleiteten Service-Einheiten stellt sich schließlich die Frage, wer oder was ein Unternehmen am Ende noch ausmacht. Ketzerisch gesprochen ist kaum mehr jemand – als Mitarbeiter aus Fleisch und Blut – da, der den Spirit des Unternehmens repräsentiert. Wird die Corporate Identity zunehmend von Maschinen getragen und damit zu einer „CI für KI"? Der Begriff der Corporate Behavior gerät damit in Bedrängnis: Damit verbunden sind Werte und Verhalten innerhalb des Unternehmens (Betriebsklima), Führungsstil, aber auch Verhalten gegenüber Kunden, Marktpartnern, Aktionären und Geldgebern sowie schließlich gesellschaftspolitische Anliegen. Sie alle erhalten eine neue, eine digitale Dimension. Es wird zu diskutieren sein, ob sich eine Corporate Behavior auch auf die unternehmenseigenen „Corporate Algorythms" übertragen lässt. Dies wird allerdings eine künftige Anforderung externer Stakeholdergruppen sein, die auch an KI ethische Dimensionen herantragen. Man wird sich nicht damit herausreden können, dass es lediglich eine Maschine sei, die gegebenenfalls einen Produktions- oder Verhaltens(!)-Fehler verursacht hat. Denn entweder ist die Maschine nur so klug wie ihr Programmierer – oder sogar noch deutlich klüger als KI. Und damit verbunden sind auch ethische Anforderungen.

Perspektivisch wird es weiterhin Mitarbeiter in Unternehmen geben – mit anderen bzw. veränderten Tätigkeiten. Aber auch hier lässt sich feststellen, dass nicht nur Produktionsstandorte wechseln und austauschbar sind, sondern auch – im erweiterten Sinne – im Bereich administrativer Prozesse aufgrund von Social-Collaboration-Formaten, Smart-Working oder Mobile Working der feste Mitarbeiterstamm hin zu einem flexibel einsetzbaren Netzwerk aus „Corporate-Kollaborateuren" wechseln wird. Prozesse, Kompetenzen und Tätigkeiten werden zunehmend ausgelagert werden, um damit nicht nur Kosten zu senken, sondern auch neue Potenziale zu heben. Damit wird es eine Aufgabe der Corporate Communication werden, die Corporate Identity auch für diese spezielle Gruppe an Netzwerk-Mitarbeitern attraktiv zu halten. Auch an dieser Stelle wird deutlich, wie sehr Interne und Externe Kommunikation – in Corporate Image und Corporate Identity – ineinandergreifen. Denn das Unternehmen muss für diese Corporate Collaborators ein hohes Maß an Attraktivität aufweisen, um diese anzuziehen. Umgekehrt sind diese Netzwerk-Mitarbeiter eine wichtige Ergänzung zum Mitarbeiterkern, die ebenfalls idealerweise als Botschafter und Multiplikatoren des Unternehmens fungiert (vgl. Schmidt 2008).

Wenn man dem Dictum folgt, wonach Produkt und Marke ohnehin wenig miteinander gemeinsam haben, ist dies durchaus keine Schreckensnachricht und birgt aus einer Markenbetrachtung heraus keine gravierende Veränderung. Unter der Perspektive eines nachfragebezogenen und wettbewerbsorientierten Markenverständnis löst sich dieses „(…)bewusst von objektiv bestimmbaren Wareneigenschaften oder bestimmten Produktions- und Vertriebsmethoden" (vgl. Meffert et al. 2005, S. 26). Die Gewinnung und die Wahrnehmung des Konsumenten stehen im Vordergrund (vgl. Meffert et al. 2005, S. 26). Wenn überhaupt, kann eine Marke vor allem über Produkte und Produkteigenschaften vermittelt werden – aber auch das wird zunehmend schwer herauszuarbeiten vor dem Hintergrund sich angleichender Produkte mit ähnlichen Produkteigenschaften. Vielmehr geht es um eine Verschiebung der Markenregler hin zu einer noch stärkeren Konstruktion einer Unternehmenswirklichkeit aus Sicht der Corporate Brand. Markenattribute wie Qualität, Vertrauen, Reputation, Image, Loyalität werden bereits als Projektionen auf Unternehmen hin kreiert, auf Basis von Zielgruppenanalysen und Vertriebspotenzialen. Alles ist Hülle und Inszenierung: Corporate Design mit Bild- und Wortzeichen (Logos), Firmenfarbe, Schriftarten, Formate, stilistische Vorgaben für Abbildungen, Fotos und Illustrationen, Architektur (Gebäudegestaltung), Mitarbeiterkleidung, Fuhrpark – den Simulakren des Unternehmens. Durch die Digitalisierung in den Unternehmen gewinnt diese Corporate Construction auf den ersten Blick an Radikalität, ist aber letztlich nur eine Zuspitzung eines bereits eingetretenen, evolutionären Prozesses.

2.5 Neue Kanäle und Methoden

So wie die Mediengesellschaft 2.0 durch die Instrumente der digitalen Kanäle und Formate 2.0 bestimmt wird (vgl. Merten 2001, S. 44), haben in der Internen Kommunikation von Unternehmen schon längst digitale Formate 2.0 Einzug gehalten. Typische Kanäle der Internen Kommunikation, wie die Mitarbeiterzeitschrift, Newsletter (print/elektronisch), Flyer, Briefe, Intranet, Schwarzes Brett, Plakate oder Social Media, sind schon längst digitalisiert oder haben zumindest im Rahmen integrierter Kommunikation eine digitale Ergänzung erhalten. Die zunehmende Bedeutung von Social Media in der Internen Kommunikation ist unbestritten. Foren, Chats, Wikis, Blogs oder Collaboration-Plattformen sind inzwischen etablierte und bewährte Instrumente von Communities in ihrer Projektarbeit (vgl. Kirf und Schömburg 2012, S. 96 f.). „Dass die soziale Vernetzung als neue Form der Zusammenarbeit an Relevanz gewinnt, liegt in der immer größer werdenden Datenvielfalt begründet sowie einer neuen Notwendigkeit zur effektiven Entscheidungsfindung und abteilungs- und standortübergreifenden Zusammenarbeit" (vgl. Dörfel und Rossi 2014, S. 203). In der Tat, auf die Herausforderungen der globalisierten, volatilen Welt und die Notwendigkeit von Unternehmen, sich innovationsfähig weiterzuentwickeln, wurde bereits hingewiesen. Die digitalen Kanäle und Medien zur internen Kommunikation gewinnen in Zukunft an Relevanz gegenüber den analogen Kanälen.

Daneben sollte beachtet werden, dass nach wie vor das direkte Gespräch das stärkste Instrument ist, um Botschaften zu vermitteln bzw. Menschen von wichtigen Anliegen zu überzeugen. Entsprechend sind viele dialogische Formen der Internen Kommunikation im Grunde klassische Formen der Managementkommunikation, wie z. B. Gespräche zwischen Führungskräften und Mitarbeiter/innen, Gespräche zwischen Führungskräften, kleine Gruppen-Meetings, mittlere Meetings (z. B. World Café) oder Großveranstaltungen wie Mitarbeiterversammlungen und Townhall-Meetings (ergänzend z. B. auch Open Space, Barcamp). Die zeitgemäße wie zeitgenössische Interne Kommunikation bewegt sich längst in der Axiomatik zwischen Dialog und Digitalisierung. Dabei stellt sich in vielen Unternehmen die Frage, ob das Einstellen von Informationen einen Nutzen oder eine zusätzliche Belastung darstellt. So stellt sich inzwischen die Frage nach dem richtigen Umgang mit dem inzwischen „klassischen" digitalen Instrument Intranet. „Mit ein bisschen Optimieren und eventuell einem neuen Content-Management-System ist es nicht getan. Das Intranet muss eine grundsätzlich neue Ausrichtung erfahren. Es muss hin zur integrierten Kommunikations-, Arbeits- und Wissensplattform, also hin zum digitalen Arbeitsplatz entwickelt werden" (Schick 2014, S. 183 f.).

Dennoch, der Trend der digitalen Mediennutzung mit den Schlagworten „digital first“ oder „mobile first“ macht deutlich, dass sich das Spielfeld der internen Unternehmenskommunikation verlagert hat (Abb. 2.3). Mit den neuen Kanälen und Formaten sollen weiterhin die Mitarbeiter erreicht und adressiert werden. Damit sollten Inhalte und Botschaften in adäquater Form für die digitale Welt aufbereitet werden. Es reicht schon lange nicht aus, einfach eine Pressemitteilung als PDF hochzuladen oder per „copy and paste“ ins Intranet zu stellen. Microsites, Apps, Social Communities oder Messenger haben ihre eigene Logik und müssen entsprechend mit eigenen Formaten bedient werden. Zudem gilt auch hier: Wer lediglich unidirektional seine Botschaften platzieren will, hat die zwangsläufigen Chancen der digitalen Kommunikation nicht verstanden. Denn die digitale Litfaßsäule sollte immer auch eine Möglichkeit zum direkten Dialog implizieren. Der digitale Herold sammelt das Feedback idealerweise direkt ein oder besser noch, initiiert und inszeniert einen digitalen und weiterführenden Dialog zu aktuellen Unternehmensthemen oder -projekten. In diesem Sinne ist es nur konsequent, von internen Stakeholdern zu sprechen und nicht lediglich von einer internen Zielgruppe. Denn mit den Stakeholdern ist die Geschäftsführung nach diesem Verständnis in einem kontinuierlichen Dialog.

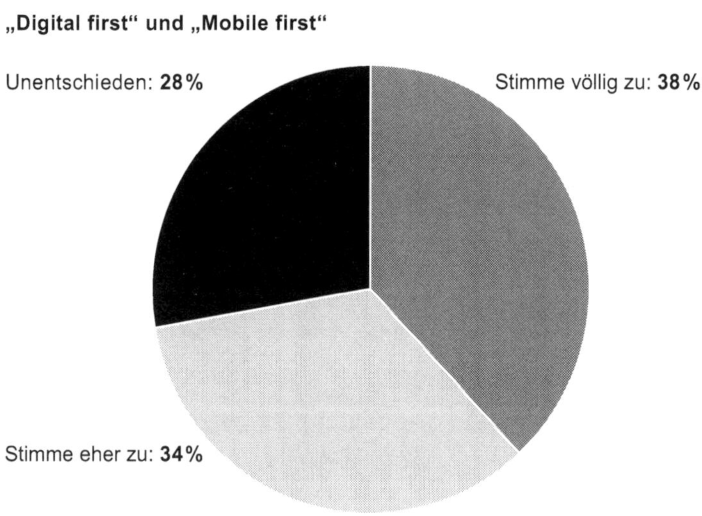

Abb. 2.3 „Digital first“ und „Mobile first“ werden bis spätestens 2020 als Imperative moderner Stakeholder-Kommunikation gelten. (s. Kirf und Eicke 2016, S. 12)

Das „Enterprise 2.0“ ist in diesem Zusammenhang – neben Social Business – der zentrale Begriff, unter dem interne Social-Media-Formen subsumiert werden. Der Begriff lehnt sich an das von Tim O'Reilly populär gemachte Schlagwort „Web 2.0“ (vgl. O'Reilly 2005) an und wurde bereits 2006 von Andrew McAfee (vgl. McAfee 2017) geprägt. Dahinter steckt die technische Beschreibung, dass interne wie externe Stakeholder gemeinsam auf einer unternehmenseigenen Plattform für die jeweiligen Unternehmensziele arbeiten (vgl. Dörfel und Rossi 2014, S. 203). Und auch mit diesem Begriff ist der Anspruch verbunden, dass ein kultureller Wandel erfolgt, der über einen rein technologischen Aspekt hinausgeht – in Richtung einer lernenden Organisation mit der Fähigkeit, Wissen zu entwickeln und sich weiterzuentwickeln (Dörfel und Rossi 2014, S. 204). „Eine ganz wesentliche Erkenntnis lautet (…), dass Enterprise 2.0 deutlich mehr umfasst als die bloße Nutzung neuartiger Tools. Kern ist vielmehr eine tief greifende kulturelle Veränderung in Richtung einer größeren Offenheit, die sich auf alle Managementfunktionen auswirkt“ (Jäger und Petry 2012, S. 23).

Allerdings ist die anfängliche Euphorie, mit der Social-Media-Plattformen als Trend in Unternehmen etabliert wurden, durchaus einer nüchternen Haltung gewichen: „Der Umgang mit Social Media sollte also nicht von der Stange kommen, sondern zu den kommunikativen Umgangsformen, vor allem aber zu den Unternehmenszielen passen. Zur kulturellen Verträglichkeit wäre auch viel zu sagen (…)“ (Kolb 2012, S. 55). Dabei sind auch die Ziele des Enterprise 2.0 den klassischen Zielen der Internen Unternehmenskommunikation verpflichtet: die Anbindung an Geschäftsprozesse, die Organisation von Kommunikation, Wissens- und Innovationsmanagement sowie aktuelle Projekte und Aufgaben, die Veränderungen, Strategien oder Unternehmensprogramme betreffen (vgl. auch Schick 2014). Interne Kommunikation sollte dabei auch im Enterprise 2.0 als integrierte Kommunikation gedacht werden. Das heißt an der Stelle, dass nach wie vor eine strategische Themenplanung erfolgen sollte, die aus Kernthemen der Unternehmenspolitik abgeleitet werden muss bzw. der als Transferprozess eine abgeleitete Kommunikationsstrategie aus der Unternehmensstrategie heraus zugrunde liegt. Beispielsweise die Corporate Identity mit Vision, Mission und Werten bleibt ein zentrales Meta-Thema der Internen Kommunikation. Durch die digitalen Instrumente und Kanäle ändert sich vor allem die Art und Weise der Stakeholder-Ansprache, der Themenaufbereitung, des Ressourceneinsatzes und gegebenenfalls der Zuständigkeiten. Schließlich ist ein genaueres Controlling möglich im Sinne einer Steuerung kommunikativer Maßnahmen, denn die Unternehmenskommunikation kann inzwischen beinahe in Echtzeit überprüfen, welche Themen von den Mitarbeitern angenommen und gegebenenfalls sogar diskutiert werden. Hierauf kann die Interne Unternehmenskommunikation bei Bedarf sogar eingehen und beispielsweise einen kritischen Dialog moderieren oder sogar durch Fakten aufklären.

Durch die fortschreitende technische Entwicklung und Integration von Technologie und künstlicher Intelligenz wird sich perspektivisch auch die interne Unternehmenskommunikation im Format 4.0 neu ausrichten. Interne Unternehmenskommunikation 4.0 wird dabei in einer engen Definition „(…) als datenbasierte und digitale Kommunikationsarbeit verstanden. Sie wird durch Digitalisierung und Vernetzung sowie veränderte kommunikative Rezeptionsbedingungen determiniert. In dieser Ausrichtung verändert sie sämtliche strategisch-konzeptionelle Funktionen, Prozesse, Rollen, Aufgaben und Instrumente innerhalb des strategisch-angelegten Kommunikationsmanagements" (vgl. Kirf und Eicke 2016). Die Tools und Technologien der Unternehmenskommunikation 4.0 sind in einer Verbindung von Digitalisierung, Mobilität, Vernetzung und Verbindung mit künstlicher Intelligenz zu sehen. Sie sind die Parameter für die Verbreitung von Nachrichten und Botschaften in Echtzeit und globaler Reichweite. Die Visualisierung für kleine Sehformate von Tablets und Smartphones bestimmt weitestgehend das Design von Kommunikation. Künstliche Intelligenz ist zudem auf dem Vormarsch. Enorme Fortschritte bei lernfähigen Textrobotern und der Einsatz leistungsstärkerer Algorithmen verändern die Arbeitstechniken und Prozesse in der Aufbereitung von Daten und der Vermittlung von Nachrichten und Informationen. „Digital first" und „mobile first" sind bereits die Imperative moderner Unternehmenskommunikation (vgl. Kirf und Eicke 2016). Diese Trends beschleunigen erkennbar auch die Formate in der Internen Kommunikation. Die gezielte Bereitstellung unternehmensrelevanter Informationen wird zudem weitgehend in Form von Social-Media-Angeboten erfolgen. Dabei dominieren audiovisuelle Medien in der Rezeption, die mittels intelligent vernetzter Daten permanent aktualisiert und personalisiert werden.

Zentrales Schlagwort rund um den Themenbereich Industrie 4.0 ist der Begriff Big Data. Big Data ist der Sammelbegriff für die rapide Zunahme an Datenmengen, die in einer direkten Proportionalität zur Akzeleration von Datenerhebungen und das Sammeln von Daten, vor allem in sozialen Netzwerken, stehen. Da der Großteil dieser exponentiell wachsenden Datenmengen in ihrer Komplexität unstrukturiert und nicht systematisiert vorliegt, werden Methoden und Technologien zur Analyse und Extrahierung relevanter Daten zunehmend eingesetzt. Ein wichtiger Aspekt für den Zugriff auf Daten ist die Intransparenz durch delokalisierte Auslagerung und Datenspeicherung, beispielsweise im Cloud Computing.

Eine Anwendung für die Interne Unternehmenskommunikation ist dabei eingeschränkt zu sehen. Natürlich ergeben sich daraus verschiedene Möglichkeiten – aufgrund von Auswertungsmöglichkeiten oder auch Personalisierung durch mobile Devices. Und natürlich ermöglicht Big Data als wachsende Ressource die systematische und konnektive Verwertung von Stakeholder-Daten. Darüber hinaus lässt sich mittels Big Data ein internes Issue-Management etablieren, das als digitales Frühwarnsystem für interne Themen und Strömungen eingesetzt werden kann. Für eine reibungslose Anwendung ist indes entscheidend, dass im Analyseprozess die relevanten Informationen ausgelesen, gefiltert und extrahiert werden. Auf dieser Basis lässt sich auch eine datenbasierte Empathie in die Stakeholder-Ansprache integrieren, die Akzeptanz seitens der Adressaten jedoch vorausgesetzt. Das ist auch eine Kostenfrage. Diese Tools werden sich zunächst nur größere Unternehmen leisten können. Perspektivisch wird es auch Analysetools für einen breiteren Markt geben. Theoretisch kann durch die passgenaue Auswertung und Aufbereitung von Daten auch in der Ansprache interner Stakeholdern die Kommunikation einen stärkeren Wirkungsgrad entfalten und mit emphatischer Kommunikation engere Bindungen erzielen. Allerdings ist fraglich, ob sich dieser Aufwand aus heutiger Sicht tatsächlich lohnt.

So besteht insgesamt bei Unternehmen ein Nachholbedarf, was Digitalisierung, besonders in Richtung einer Internen Kommunikation 4.0, anbetrifft. Tatsächlich muss der zielgerichtete Einsatz von digitalen Kanälen weiterhin gefördert werden: Bis heute gibt es in vielen Unternehmen keinen kostenfreien WLAN-Zugang für private Mobilfunkgeräte. Die digitalen Angebote bewegen sich derzeit noch eher auf einem Niveau einer Internen Kommunikation 1.0: „Kommunikation ohne Papier" oder „Internet 2.0 (inkl. Social Media)", wobei die Integration von Mobile Devices, Apps oder gar der Einsatz neuer Technologien unter Einsatz von künstlicher Intelligenz sich in weiter Ferne bewegt (vgl. Jäger et al. 2017). Viele Unternehmen sind mit dem Begriff einer Unternehmenskommunikation 4.0 nicht vertraut – was nicht verwunderlich ist, da der Begriff in sich derzeit noch nicht hinreichend ausdifferenziert ist (vgl. Kirf und Eicke 2016).

Neben den Kanälen und Instrumenten rückt aufgrund der digitalen Transformation auch die Organisation von Arbeit und Projekten in eine neue Perspektive. Hierzu wurde bereits auf die Themen Social Business und Digital Workplace verwiesen (vgl. Abschn. 2.2). Die Projektarbeit wird insgesamt situativer, es gibt neue Formen der Kollaboration. Dabei sind die Projektteams weniger physisch gebunden, sondern stimmen sich räumlich und auch zeitlich unabhängig voneinander ab. Dies zeigt sich auch in neuen Bürokonzepten mit wechselnden Arbeitsplätzen, Rückzugs-, Kreativ- und Diskussionsräumen, die auf offene Kommunikation ausgelegt sind. Es gibt hierzu zentrale Initiativen, Pilotprojekte, eigene spezielle Geschäftseinheiten in Unternehmen. Der Begriff „Digital Workplace" führt dabei technische Entwicklungen und kulturelle Perspektiven der

Arbeitswelt zusammen. Die Mitarbeiter werden letztlich immer stärker mit digitalen Werkzeugen bzw. technischen Features ausgestattet, die ihnen die Arbeit erleichtern sollen. Auch hierbei sind Vernetzung und Informationsaustausch zentrale Themen – allerdings nicht nur zwischen Menschen, sondern auch zwischen Mensch und Maschine bzw. Künstlichen Intelligenzen (vgl. Külschbach 2017, S. 50).

Sogenannte „agile Managementmethoden" sind dabei ein Trend, der aus der Programmierung heraus auch für andere Formen der Projektarbeit und im Alltagsgeschäft häufiger als neue Form des Arbeitens etabliert wird. Dahinter steckt ein einfaches Prinzip: „Ein Mensch, ein Team, eine Organisation wird produktiver, wenn man schnell Feedback erhält – und das erreicht man, indem man sich auf wenige Dinge konzentriert" (Gloger 2016, S. 208). Auf einer reinen Methodenebene geht es um Prozesse, die die Innovationsfähigkeit von Unternehmen stärken sollen, das Zulassen von Fehlern mit zugleich schnellem Lernerfolg, Freiwilligkeit und Eigenverantwortung im Team, Offenheit und Transparenz im Dialog sowie in der Umsetzung schnelle, dynamische Projektsprints in kleinen Teams. Dahinter steckt tatsächlich auch die „(...) Aufforderung, die eigene Haltung zu ändern (...)" und „(...) die Praktiken von Scrum und agilem Management nicht (nur) als Methoden oder neue „Führungswerkzeuge" (...)" anzusehen (Gloger 2016, S. 207). Die Methodenkenntnis soll vielerorts durch eigene Expertenteams weiterentwickelt und in die Unternehmen hineingetragen werden.

Dieser Ansatz passt natürlich sehr gut zur volatilen und schnellen globalisierten Wirtschaftswelt. Sie zielt auf die Bereitschaft der Mitarbeiter ab, sich in kürzester Zeit in sogenannten Projektsprints neuen Herausforderungen zu stellen und in Projektteams in schnellen Iterationsschleifen Lösungen oder Innovationen für das Unternehmen zu entwickeln. Dahinter stehen aber auch bereits etablierte und bewährte Projektmethoden aus dem Six-Sigma-Instrumentarium, wie z. B. Scrum, Kanban oder Performance-Management-Workshops. Was sie verbindet, ist der Anspruch an Exzellenz und Effizienz. Solche und andere mehr oder weniger neuen Projektmethoden, die vor dem Hintergrund der digitalen Transformation in neuer Breite Einzug in zahlreiche Unternehmen halten, müssen von Interner Kommunikation und HR gemeinsam in die Unternehmen hereingetragen werden über Weiterbildungsformate und Kommunikationsinitiativen, um sie erfolgreich zu implementieren. Kommunikativ gesehen, kann die Interne Kommunikation dabei auf bewährte „Dauerbrenner" zurückgreifen, intern wie extern.

Durch die Digitalisierung verändern sich hierbei die Set-ups – die Ziele, Mitarbeiter zu informieren, zu führen, zu motivieren und möglicherweise sogar zu begeistern, bleiben gleich. Dazu zählt ein aktives Storytelling, nicht nur um Aufmerksamkeit zu generieren, sondern vor allem, um Meinungsbildner und

Stakeholder aktiv einzubinden und zu beteiligen. Dies bedeutet auch, dass attraktive digitale Formate mit informativen und auch emotionalisierenden Inhalten geschaffen werden. Dabei bleiben Crossmedialität, Dialog und Echtzeitkommunikation in der internen Kommunikation wichtige Aspekte. Wichtige interne Themen und Projekte werden beispielsweise in einer Kampagnenlogik angeschoben und initiieren eine gewünschte Konversation zu einem Thema. Die neuen Möglichkeiten im digitalen Zeitalter werden dabei mitgedacht und kreativ genutzt. Die Spontanität digitaler Dialoge und die Unplanbarkeit digitaler Live-Set-ups verstärken den authentischen Charakter der Unternehmenskommunikation. Das fordert auch von der Geschäftsführung eines Unternehmens erweiterte kommunikative und digitale Kompetenzen. Die authentische und relevante Konversation bildet das Herzstück eines neuen Verständnisses von Interner Kommunikation, wobei aktuelle Themen adressiert und für die internen Stakeholder aufbereitet oder auch kreiert werden (vgl. auch Sammers 2014).

Jüngster Trend in der internen Kommunikation verschiedener Unternehmen ist dagegen tatsächlich die Etablierung sogenannter „Newsrooms". Die Übernahme einer im Grunde klassisch redaktionellen Organisationsform in die Unternehmenskommunikation zeigt, wo die Corporate Communication intern wie extern in der Praxis steht. Dahinter steht die Herausforderung, aufgrund der Digitalisierung mit der großen Geschwindigkeit und hohen Flut an Informationen genauso wie mit den vielfältigen öffentlich zugänglichen Meinungen und Aussagen der Stakeholder umzugehen – und dabei als Unternehmen letztlich die Hoheit über das publizierte Selbstbild und Image zu behalten. Für die Unternehmenskommunikation ist damit auch der Wunsch nach schnellen und effizienten Prozessen bei zugleich qualitativ hochwertigem und erfolgreichem Output verbunden. Mit der vollumfänglichen Bandbreite an internen und externen Kanälen, inklusive Social-Media-Plattformen, vielfältigen Formaten in Text, Bild, Ton und Bewegtbild sowie mit Blick auf stark ausdifferenzierte Stakeholder-Gruppen ist diese Anforderung nicht trivial. Denn die Erwartungshaltung der Geschäftsführung an eine gelingende Unternehmenskommunikation ist ebenfalls anspruchsvoll, bei häufig gleichbleibenden oder auch verringerten Ressourcen.

Perspektivisch werden Newsrooms für die Unternehmenskommunikation immer wichtiger. Der Newsroom wird künftig die kommunikative Kommando- und Steuerungszentrale für die zeitnah und proaktiv zu managenden Prozesse von Vermittlung, Austausch und Abstimmung innerhalb der Unternehmenskommunikatoren schon angesichts der Fülle an Informationen und der kurzen Taktungen sein, wenn Unternehmen wie eine Person kommunizieren wollen. Die Parameter Geschwindigkeit, Vernetzung, Abstimmung und Interaktivität müssen folglich in dieser Schaltzentrale gebündelt und organisiert werden.

Kommunikatoren müssen dabei aufpassen, dass sie zu guter Letzt nicht ihre wichtige und notwendige Rolle als interner Kommunikationsmanager und -berater gegen die eines digitalen Redakteurs und Content-Distributors eintauschen. Um dies sicherzustellen, ist eine langfristige Planung ebenso erforderlich wie auch ein Verständnis dafür, dass auch Projekte und Prozesse als Themen verstanden werden dürfen. Zielrichtung sollte im Hinterkopf stets bleiben: Sie kommunizieren nicht allein um der Themen willen, sondern weil Sie etwas bei den Stakeholdern erreichten wollen: eine aktive Beteiligung zum gemeinsamen Erfolg des Unternehmens.

2.6 Fokus: Digitales Storytelling

Seitdem Frenzel, Müller und Sottong den Storytelling-Ansatz in den deutschen Kommunikationsmarkt getragen haben (vgl. Frenzel et al. 2004), gehört der Begriff – nach über einem Jahrzehnt – längst zum etablierten Kommunikationsrepertoire. Dabei wird Storytelling bedauerlicherweise seltener in seiner vielversprechenden methodischen Dimension erfasst und umgesetzt. Die Gefahr der Verkürzung und Reduktion auf „Geschichtenerzählen" bleibt bestehen. Denn ist nicht jede Geschichte und nicht jeder redaktionelle Beitrag direkt mit Storytelling gleichzusetzen. Dabei ist

> (…) Storytelling eine Methode, mit der (Erfahrungs-) Wissen von Mitarbeitern über einschneidende Ereignisse im Unternehmen (wie z. B. ein Pilotprojekt, eine Fusion, Reorganisationen oder eine Produkteinführung) aus unterschiedlichsten Perspektiven der Beteiligten erfasst, ausgewertet und in Form einer gemeinsamen Erfahrungsgeschichte aufbereitet wird. Ziel ist, die gemachten Erfahrungen, Tipps und Tricks zu dokumentieren und damit für das gesamte Unternehmen übertragbar und nutzbar zu machen (Vgl. Thier 2005).

So fördert Storytelling kommunikative Beziehungen in internen wie externen Unternehmensumfeldern, setzt Impulse für offene, vertrauensvolle, bereichsübergreifende Kommunikation, macht Argumente, Ideen und Zusammenhänge greifbar, motiviert Feedback und anschlussfähiges Mit- und Weiterdenken, ist das Tor zu neuem Wissen, Erfahrungen und Verständnis und macht Veränderungsprozesse transparent und nachvollziehbar (vgl. Thier 2005).

Auch in der Internen Kommunikation kann Storytelling in verschiedenen Bereichen mit unterschiedlichen Zielsetzungen eingesetzt werden. Klassische Einsatzmöglichkeiten des Storytellings sind HR-Themen (z. B. Mitarbeiter-Storys), Wissensmanagement (z. B. Expertenwissen), Change-Prozesse

(z. B. Unternehmensfusionen), veränderte Unternehmenskultur sowie in der Führungskräftekommunikation (vgl. Serrano 2012, S. 87 f.). Das bewusste Aufgreifen und Inszenieren der Geschichten, die ohnehin in den informellen Netzwerken des Unternehmens kursieren, ist ein wertvolles Instrument der Unternehmenskommunikation. Dabei muss Storytelling als integriertes Kommunikationskonzept orchestriert werden. Die Auswahl der Kommunikationsmaßnahmen und die Verbreitung von Themen und Botschaften über Kommunikationskanäle im Storytelling-Prozess muss digital und crossmedial vernetzt gestaltet werden.

In der Umsetzung empfiehlt es sich als kommunikative Basis eine Corporate Story oder zumindest eine Storyline zu entwickeln. Damit ist ein Hintergrundpapier gemeint, dass die aktuelle Situation des Unternehmens für sämtliche weitere Kommunikationsmaßnahmen beschreibt, inklusive beispielsweise strategischer und kommunikativer Zielsetzungen, Vision, Mission, Differenzierung im Wettbewerb sowie konkreter Herausforderungen. Mit dieser unternehmerischen Selbstreflexion ist ein strukturiertes Key Messaging möglich. Im Sinne einer „One Voice Policy" werden die Kernbotschaften definiert und in sämtlichen kommunikativen Kontexten, Maßnahmen und Kanälen als Pflichtbestandteil verwendet. Darauf aufbauend können – im Sinne der Storytelling-Methode – geeignete Storys entwickelt werden, die als „Meme" Unternehmensziele, -werte und Haltungen sowie die damit verbundenen Kernbotschaften veranschaulichen und greifbar machen. Ein schönes Beispiel ist dafür nach wie vor die Innovations-Story des Post-its bei dem Unternehmen 3M, das Frenzel et al. bereits 2004 in ihrem Buch beschreiben. Es sind die Personal Storys, Erfolgsgeschichten oder auch kurze Anekdoten, die in der Internen Kommunikation als griffiges Beispiel bei den Mitarbeitern das gewünschte Mindset, die Haltung und Ambition im Unternehmen veranschaulichen und inspirieren.

Digitales Storytelling bietet in diesem Kontext eine folgerichtige Erweiterung der Methode. Digital Storytelling ist die Verbreitung von Geschichten über verschiedene digitale Plattformen. Dabei können verschiedene multimediale Technologien und Medien basierend auf den Grundformen Bild, Ton, Text und/oder Video genutzt werden (vgl. Herbst 2016). Dabei zeichnet sich das Digital Storytelling durch vier Besonderheiten aus: Die Integration verschiedener Bausteine wie Endgeräte, Plattformen, Technologien und Objekte, die miteinander verbunden werden; die Verfügbarkeit von Digital Storys jederzeit, weltweit und in unbegrenzter Menge; die Vernetzung und Verknüpfung verschiedener Bausteine – Medien, Plattformen, Inhalten und Usern – miteinander; sowie schließlich die technische Interaktivität, aber auch der Austausch und die aktive Beteiligung der User. Digitale Storys können gemeinsam erstellt, entwickelt und verbreitet werden (vgl. Herbst 2016, S. 42, 72 f.). Über digitale Formate wie Webtexte,

Bilder, Videos oder Snippets können die Storys nicht nur plakativ im Unternehmen verbreitet werden, sondern auch einen aktiven Stakeholder-Dialog eröffnen. Die Kernbotschaften werden als digitale Memes geliked, geteilt und erweitert. Es findet ein digitaler Dialog statt, eine Anschlusskommunikation, die eine Vertiefung in der intensiven Auseinandersetzung zur Folge hat. Und das bei höherer Geschwindigkeit und Frequenz. Dabei können Unternehmen durch geeignete integrierte Formate, wie beispielsweise digitale Wettbewerbe und Liveberichte, bei den Mitarbeitern ein echtes Involvement erreichen und sie selbst zum Teil einer Geschichte werden lassen, die sich in Real Life und digital weiterschreibt. Zudem ist das Erleben digitaler Formate ein anderes, da die Sinne erweitert angesprochen werden können – durch starke visuelle oder auditive Stimuli. Der Diskursraum wird durch eine interne digitale bzw. crossmediale Stakeholder-Ansprache erweitert und verstärkt.

2.7 Reality Check: Digitale kulturelle Transformation

Auf den ersten Blick stehen in der Diskussion um die digitale Transformation die technischen Entwicklungen im Vordergrund. Es gibt neue digitale Formate, es gibt Vernetzung, Maschine-zu-Maschine-Kommunikation und vieles mehr. Doch bei näherer Betrachtung wird deutlich, dass die aktuelle digitale Transformation einen umfassenden Paradigmenwechsel einläutet. Es geht nicht allein um technisch-digitale Neuerungen, Applikationen oder Devices. Die „Struktur der digitalen Revolution" ist auch ideologisch getrieben und von weltanschaulichen bzw. Glaubensfragen bestimmt (vgl. Kuhn 1962). Beinahe scheint es, als ob mit der digitalen Transformation unterschwellig auch ein Generationenwechsel verbunden ist, angetrieben von den Start-ups der Generation Y im Silicon Valley, die mit disruptiven Geschäftsmodellen den etablierten Wirtschaftsunternehmen das Fürchten lehren (vgl. Keese 2016). Und ob eine digitale Transformation in einem Unternehmen oder auch in einer Gesellschaft gelingt, ist schließlich eine Frage der Einstellung, des Mindsets und der Kultur. Tatsächlich sollte ein solcher Change-Prozess mit den dafür bewährten Methoden, Instrumenten und Zielen betrachtet und begleitet werden.

Denn am Ende sind die Mitarbeiter, die auf ein neues „digitales Zeitalter" eingeschworen werden sollen, als Menschen zu betrachten, die neben funktionalen und arbeitsorganisatorischen Aspekten in ihrer psychologischen und emotionalen Dimension angesprochen werden müssen. Dabei ist die bereits vorhandene Unternehmenskultur selbstverständlich die Basis, auf der der Prozess der digitalen Transformation aufsetzen muss. Hier lohnt sich ein genauer und realistischer Blick, wie viel Digitalisierung ein Unternehmen zum jeweiligen Status quo tatsächlich verträgt. Denn „(j)edes Unternehmen hat seine eigene, ganz und gar andersartige Kultur – selbst in der gleichen Branche und unter gleichen äußeren Bedingungen. Jedes Unternehmen ist damit einzigartig, weil es seine eigene unverwechselbare Entwicklung hat, weil in jedem Unternehmen andere Menschen mit anderen Erfahrungen und anderen Charakteren arbeiten und sich andere Werte und Normen entwickelt haben" (Herbst 2014, S. 149). Wie gesagt, sollte die digitale Transformation dabei Teil der Unternehmensstrategie und in diese eingebettet sein. Die Interne Kommunikation kann helfen, die Vision und die strategische Stoßrichtung der digitalen Transformation in Unternehmen zu vermitteln.

Dabei geht es aus Sicht der internen Kommunikation nicht nur darum, Mitarbeiter zu informieren, zu führen und zu motivieren. Vielmehr sollen sie die Notwendigkeit der Transformation nachvollziehen, begreifen, verinnerlichen und schließlich zu überzeugten, bestenfalls begeisterten Akteuren des digitalen Wandels werden, um schließlich eine höhere Leistung und Wertschöpfung für das Unternehmen zu erreichen. Schon längst ist der kontinuierliche Wandel in Unternehmen zur Normalität geworden. Das ist auf die globalen Marktentwicklungen zurückzuführen, die weiterhin den Effizienz- und Produktionsdruck erhöhen. Effizienz- und Performance-Programme gab es auch schon vor der sogenannten digitalen Transformation in vielen Unternehmen. Insofern sind auch die Mitarbeiter bereits leidgeprüft. Deshalb gilt nach wie vor, dass Interne Kommunikation verständlich, umfassend, zeitlich koordiniert, widerspruchsfrei sein muss. Sie sollte ferner zur Persönlichkeit, zum (Vor-) Wissen und (kommunikativen) Fähigkeiten der internen Adressaten passen sowie auf deren Feedback hin angelegt sein.

Wie bereits angesprochen, ist damit ein Wandel des Mitarbeiterbildes verbunden. Der technologische Wandel von Kommunikation wirkt sich dezidiert auf Mitarbeiteransprüche aus, sodass es künftig die Aufgabe von interner digitaler Kommunikation sein wird, den Mitarbeitern innerhalb dieser neuen Rahmenbedingungen Orientierung und eine Vertrauensbasis zu vermitteln. Früher, in einer sehr alten Arbeitswelt, waren Mitarbeiter Befehlsempfänger, ausführende Kräfte und erhielten Lohn für Arbeitszeit. Unternehmensbotschaften wurden entsprechend rein unidirektional „top down" vermittelt. Heute werden Mitarbeiter eher als eigenverantwortliche, aktive Teammitglieder betrachtet, die Motivation durch Überzeugung haben – und umgekehrt bei nachhaltiger Unzufriedenheit konsequent das Unternehmen verlassen. Dialogorientierung, Einbindung und auch Sinnstiftung über Storytelling – um den gegebenenfalls gesellschaftlichen oder wirtschaftlichen Wert der Arbeit bzw. des Unternehmens einzuordnen – gewinnen in der Unternehmenskommunikation entsprechend an Relevanz. Dies zeigt sich auch in digitalen Diskursen. Die offen kommunizierte kritische Haltung im Social Web wird auch in das Social Intranet hineingetragen. Dabei funktioniert der Diskurs in beide Richtungen: Sie sollen die besten Markenbotschafter des Unternehmens sein, so der Anspruch. Die gängige persönliche Vernetzung der Mitarbeiter im Social Web trägt dem – mit allen Chancen und Risiken – Rechnung. Umgekehrt haben die Mitarbeiter aber auch Ansprüche und Erwartungen bezüglich einer modernen, zeitgemäßen und erfolgreichen Unternehmenskommunikation. Um die Erwartungen der Mitarbeiter zu erfüllen, muss eine digitale Interne Kommunikation den kommunikativen Austausch im Unternehmen fördern und transparente Kommunikation gewährleisten. Sie sollte zusätzlich Orientierung bieten, Partizipation ermöglichen und eine gute Mischung aus sachlichen Informationen und Feedback anbieten (Abb. 2.4).

Abb. 2.4 Anspruch der Mitarbeiter an Interne Kommunikation 4.0. (s. Jäger et al. 2017, S. 27)

Was kann ein Unternehmen dabei seinen Mitarbeitern bieten? So lautet inzwischen die virulente Frage. Erfolgreiche Unternehmen sollten Antworten auf die folgenden Belohnungsversprechen finden, um ihre Mitarbeiter für sich zu gewinnen, zu motivieren und ein nachhaltiges Commitment zu erreichen (vgl. Herbst 2014, S. 152).

1. Was kann ich vom Unternehmen und seinen Leistungen erwarten?
2. Wie werde ich mich fühlen, wenn ich in diesem Unternehmen arbeite?
3. Wie werde ich auf andere wirken?
4. Welchen Sinn hat meine Arbeit?
5. Was habe ich davon?

Dieser Anspruch ist im Grunde nicht neu: Corporate Communication benötigt neben der externen Weiterentwicklung des Images auch intern gerichtete Aktivitäten, um die Mitarbeiter anzuregen, miteinander zum Wohl des Unternehmens zusammenzuarbeiten und sich nicht nur auf ihre eigenen operativen Aufgaben zu fokussieren. Eine gelingende interne Kommunikation inspiriert die Mitarbeiter, bietet ihnen, als interne Stakeholder verstanden, Dialog- und Interaktionsmöglichkeiten, um gemeinsam in einen kreativen wertschöpfenden Austausch zu gehen, sich gemeinsam weiterzuentwickeln und damit auch das Unternehmen. Damit verbunden ist auch die kommunikative Aufgabe, Mitarbeiter in ihrem „hermeneutischen Anspruch" nach einer sinnvollen Tätigkeit ernst zu nehmen. Mitarbeiter wollen als verständige Menschen selbstverständlich wissen, warum sie welche Tätigkeiten ausüben und ob solche Tätigkeiten auch wirklich sinnvoll sind. Damit muss Interne Kommunikation einen Beitrag zur Horizonterweiterung leisten und auch die Tätigkeit des Unternehmens in dieser Richtung interpretieren. Neu ist allerdings die Chance, die sich aus der zunehmenden Digitalisierung der Kommunikationskanäle und -formate ergibt. Denn sie stattet die Mitarbeiter grundsätzlich mit den notwendigen Tools und Instrumenten aus, die solche Vernetzungen und Kollaborationen zumindest einfacher möglich machen, damit sie selbst aktiv werden. Der digitale Mitarbeiter hat in einem McLuhanschen Sinne schnellere und flexiblere Prothesen für die Kommunikation als der analoge Mensch (vgl. McLuhan 1967). Der Mitarbeiter als Prosument und Co-Worker hat mehr kommunikative Möglichkeiten und in einer digitalen Arbeitswelt auch erweiterte Beteiligungs- und Entscheidungsräume. Damit verbunden ist allerdings der angesprochene Paradigmenwechsel in der (Führungs-)Kultur. „The medium is the (digital) massage" (McLuhan 1967).

2.8 Digital Leadership: Die veränderte Rolle der Führungskräfte

Das zeitgenössische Votum lautet schlichtweg, dass Führungskräfte Digital Leader werden sollen. Doch das ist leichter gesagt als getan, zumal in vielen Unternehmen seit Jahrzenten und mit einer Belegschaft über mehrere Generationen verteilt hierarchische Strukturen etabliert und scheinbar auch erfolgreich sind. Warum sollten hier die Führungskräfte aus sich heraus ihren Führungsstil ändern? Umgekehrt kann auch gefragt werden, warum und ob überhaupt die Mehrheit der Mitarbeiter die etwaigen Freiräume und Verantwortungen, die das Prinzip „Digital Leadership" mit sich führt, überhaupt annehmen wollen. Damit hat eine Geschäftsführung, die für sich die Chancen einer neuen Führungs- und Mitarbeiterkultur – denn diese steckt ebenfalls hinter dem Begriff – erkannt hat, an verschiedenen Fronten Überzeugungsarbeit zu leisten.

Tatsächlich sind Führungskräfte der Dreh- und Angelpunkt jedweder gelingenden organisatorischen Veränderung – und damit auch einer digitalen Transformation im Unternehmen. „Erst, wenn Unternehmensleitung und Unternehmenskommunikation die Führungskräfte erreichen, wenn sie bei ihnen für Verständnis und Unterstützung für Ziele, Strategie und Maßnahmenpakete der Veränderung sorgen, besteht die Chance, dass Führungskräfte ihre Aufgabe als Motoren der Veränderung wahrnehmen. Dabei muss die Kommunikation auch die persönliche Beziehungsebene berücksichtigen" (Voß 2012, S. 222).

Welche Anforderungen richten Mitarbeiter an ihre Führungskultur? In der Tendenz weichen die klassischen Dichotomien auf. Aus Vorgesetzten sind Führungskräfte geworden, aus Beschäftigten Mitarbeiter. Diese fordern von ihren Führungskräften Feedback, Zusammenarbeit auf Augenhöhe, Förderung, Zulassen von Ideen, ein positives Vorleben – und Vertreten gegenüber ihrer Führungskraft umgekehrt ihre klare Meinung. Für Führungskräfte ist insofern der Kontrollverlust eine durchaus nachvollziehbare Sorge. Denn sie geben scheinbar Macht ab, wenn ihre Mitarbeiter transparent informiert werden und sich eigenständig Gehör verschaffen können. Führungskräfte werden dabei vom neuen Mitarbeitertypus auch regelmäßig „gechallenged" werden, was ihre Führungskompetenzen anbelangt. Diese sind dabei ganz neu zu definieren und orientieren sich eben nicht an vermeintlichem Herrschaftswissen. In der Rolle des Moderators, Coaches und Mentors sollte es das Ziel einer Führungskraft als „Digital Leader" sein, sich gemeinsam mit ihrem Team zu entwickeln und auch in der Führungspersönlichkeit zu wachsen. Durch Wissensaustausch und gemeinsame Projektarbeit wird die wertschöpfende Entwicklung des Unternehmens vorangetrieben. Dabei geht es darum, Potenziale zu heben, für das Unternehmen, das

Team wie auch die einzelnen Teammitglieder. Dieser Prozess umfasst auch die Weiterentwicklung der Führungskräfte selbst. Konsequenterweise passt hier der Begriff des Leadership wesentlich besser für die Beschreibung der neuen Kultur und Persönlichkeit, da weniger eine klassisch-hierarchische Vorgesetztenfunktion ausgeübt werden sollte, sondern eher eine Führung im Sinne des Anführens und Vorlebens. „Von Führungskräften werden, vereinfacht ausgedrückt, drei Kompetenzfelder eingefordert: Fach-, Methoden- und Sozialkompetenz. Die beiden ersten Kompetenzen lassen sich dem Bereich Management zuordnen, die dritte dem Bereich Leadership. (…) Vielleicht kann man in der Tendenz sagen, dass es häufig ein ausreichendes Potenzial an Fach- und Methodenkompetenz gibt, aber daneben einen gewissen Mangel an Sozialkompetenz“ (Ott 2011, S. 230).

Die Herausforderung für die interne Unternehmenskommunikation liegt also darin, den doch eher „klassisch“ orientierten Führungskräften die Ängste und Sorgen zu nehmen, die mit dem Wandel der eigenen Rolle verbunden sind. Ein typisches Kernproblem: Trotz bestehender Formate und Kanäle gibt es in der Internen Kommunikation immer wieder den „Bottleneck-Effekt“. Führungskräfte sind dabei oft insofern die Schwachstelle in der Kommunikation, als dass sie oft nicht genug Zeit für das Thema „Führung“ (durch Kommunikation) aufbringen. Tatsächlich wird die Führungsaufgabe „Kommunikation“ häufig nicht als primäre Managementaufgabe gesehen und operativen Aufgaben der Vorrang gegeben. Dabei muss eine Führungskraft heutzutage mehrere (kommunikative) Rollen übernehmen und ausfüllen, die nach Kommunikationskompetenz verlangen. Sie ist Kommunikator nach innen und außen, Vorbild, Vermittler unangenehmer Botschaften, Moderator, Motivator und auch Krisenmanager. Sie bewegt sich dabei in einem Spannungsfeld unterschiedlicher Kommunikationseinflüsse (vgl. Malik 2013). Das sind tatsächlich genuine kommunikative Managementaufgaben, die sich aufgrund der Digitalisierung kaum verändern. Die größte Herausforderung für Führungskräfte besteht eher darin, Kontrolle aufzugeben, aber Führung zu behalten.

Das gewinnt angesichts der Tatsache, dass inzwischen einige Unternehmen der Digitalbranche vollständig auf eine Führungsebene verzichten und auf „sozial kontrollierte Arbeitsmodelle“ zurückgreifen, an Brisanz. Ferner ist es für Führungskräfte problematisch, sich in ungewohnten digitalen Set-ups zu bewegen. Die Idee von Social Business erfordert eben nicht nur einen Austausch auf Augenhöhe zwischen Führungskraft und Mitarbeitern, sondern auch die Nutzung digitaler Kanäle. Und auf dieser digitalen Bühne befinden sich die Führungskräfte nicht selten in einer ungewohnten Rolle. Sie sind mit den Verhaltensweisen und Gepflogenheiten von Foren und Netzwerkkommunikation weitaus weniger vertraut als ihre „Untergebenen“. Auch dies führt zu Verunsicherung: Wie kann man angemessen auf kritische Äußerungen im Intranetforum reagieren und dabei sein Gesicht wahren? Und wie regelmäßig muss eine Führungskraft eigentlich in internen sozialen Medien aktiv sein? Wird ihr nicht am Ende nachgesagt, dass sie wertvolle Zeit verschwendet? Offensichtlich ist es notwendig, hier altgediente – aufgrund gelernter Hierarchiestrukturen entwickelte – Denkmuster aufzubrechen, genauso wie Führungskräfte durch Schulungen oder Coaching-Formate für digitale Kontexte zu sensibilisieren und Schwellenängste abzubauen. Neugier und Bescheidenheit sind dabei Eigenschaften, die für eine moderne Führungskraft essenziell sind.

An welchen Leitplanken sich Manager und Führungskräfte auf dem Weg zum sogenannten „Digital Leader“ orientieren können, hat Petry (2016, S. 121) zusammengefasst. Er geht von einer evolutionären Entwicklung des Managementverhaltens bzw. der Managementanforderungen aus. Dazu zählen (vgl. Petry 2016, S. 122):

1. Offenheit und Vertrauen gegenüber den Mitarbeitern, im Umgang mit Informationen sowie in Form von Aufgeschlossenheit gegenüber Neuem,
2. Geschwindigkeit durch digitale Vernetzung im Sinne einer Nutzung und Förderung digitaler Medien zwecks Vernetzung, um der Organisation Schnelligkeit, Agilität und Flexibilität zu ermöglichen,
3. das beste Wissen einzusetzen, was die Anwendung digitaler Methoden zur Sicherung weltweit aktuell gültiger Wissensstände erfordert,
4. Mitarbeiter zu entwickeln unter der Haltung, diese in ihrem selbst gesteuerten Lebenslernprozess zu begleiten in Form von Trainings oder informellen Lernangeboten (Diese Haltung betrifft auch die Führungskraft selbst.),
5. Organisation als Community, innerhalb der Menschen auf Augenhöhe und partizipativ begegnet wird, anstatt Status und Herkunft zählen die besten Argumente und Ideen, Gemeinschaftssinn und Zusammenhalt,
6. Transparenz bei Verantwortlichkeiten und Aufgaben mit Blick auf alle Projektbeteiligten, beispielsweise durch Einsatz digitaler Medien und Methoden;
7. „Leading out Loud“ macht die eigene Arbeit sichtbar, vermittelt Informationen in der Breite und ermöglicht umgekehrt wertvolles Feedback von den Mitarbeitern,
8. High-Tech und High-Touch umfasst anstelle von Steuerung einzelner Personen das Kümmern um das Gesamtsystem inklusive physischer und digitaler Infrastruktur.

Für die Implementierung einer solchen digitalen Führungskultur in Unternehmen empfiehlt sich der Middle-up-down-Ansatz (vgl. Nonaka 1995; zitiert nach Petry

2016, S. 123). Denn Führungskräfte im mittleren Management sind häufig ein wichtiger „Transmissionsriemen“ zwischen den Bereichen Top-Management und operative Mitarbeiter. Zudem muss sich der Wandel auch in der Anerkennung von gewünschtem Verhalten zeigen. Konkret bedeutet das, dass Führungskräfte weniger allein entscheiden, sondern im Team entscheiden und damit die Mitarbeiter deutlich mehr Verantwortung als früher haben. In der Konsequenz sollte sich diese Änderung auch im Bonussystem für Führungskräfte wie auch Mitarbeiter zeigen, sodass dies inzwischen immer mehr von Individual- zu Kollektivbelohnung weiterentwickelt wird.

Für die operative Umsetzung und Implementierung einer Digital-Leadership-Kultur benötigen Mitarbeiter und Führungskräfte einen modernen Methodenkoffer, um ihr Produkt- und Dienstleistungsportfolio für die digitale Arbeitswelt zu entwickeln. Dazu gehören insbesondere neue, agile Management-Methoden wie Scrum, Kanban, Design-Thinking-Methoden oder Social Forecasting. Der Digital Fit bei Führungskräften und Mitarbeitern erfordert aber auch Trainings und Schulungen und – nebenbei bemerkt – auch eine offene Fehlerkultur bzw. Kultur des Lernens und Ausprobierens. Wer im Rahmen von Social Business und Enterprise 2.0 im Unternehmen Transparenz und Agilität einfordert, sollte auch offenen Einsatz, Ausprobieren, Mitmachen, Scheitern und Neuversuche zulassen. Die digitale Transformation frisst ihre eigenen Kinder.

Um den digitalen Wandel und die damit verbundenen Aufgaben zielführend und sicher im Unternehmen zu verankern, ist eine funktionierende Führungskräftekommunikation zwingend erforderlich. Denn: Die Führungskräfte müssen als Multiplikatoren eingesetzt werden und sich in den digitalen wie dialogischen Diskursräumen souverän bewegen können. Denn sie haben einen entscheidenden persönlichen Einfluss darauf, ob der Wandel im Unternehmen von den Mitarbeitern getragen wird. Schließlich erwarten Mitarbeiter – in einer hochemotionalen Situation – eine persönliche und emotionale Ansprache, um überzeugt und mobilisiert zu werden. Dies gelingt aber nur, wenn die Führungskräfte loyal die Linie der Geschäftsführung vertreten können. Entsprechend informiert eine gut funktionierende Führungskräftekommunikation die Führungskräfte kontinuierlich, aktuell und umfassend und schafft die geeigneten Rahmenbedingungen für den Dialog zwischen Vorstand und Führungsmannschaft. Dies erfordert eine weitere digitale Professionalisierung sowohl der Führungskräfte als auch ihrer Unterstützer und Berater, der internen Kommunikatoren selbst. Denn sie stellen die bestmögliche kommunikative Begleitung für Führungskräfte bereit, befähigen und motivieren die Führungskräfte, ihre Rolle effektiv auszuüben. Die interne Führungskräftekommunikation verläuft – auch in digitalen Set-ups – systematisch, orchestriert und integriert innerhalb einer kommunikationsstrategischen Gesamtplanung.

2.9 Die Systemfrage: Integrierte Kommunikation – oder: Wird intern extern?

Um es direkt zu sagen: Es wird nicht leichter für die Interne Kommunikation und die Kommunikationsexperten. Warum auch, schließlich hat sich, wie eingangs gezeigt wurde, das globale Set-up in der VUCA-Welt dramatisch verändert – und damit auch die Rahmenbedingungen für Unternehmen, im Markt erfolgreich zu agieren und sich entsprechend in ihren internen Prozessen und Arbeitsabläufen zu organisieren. Digitalisierung ist dabei Fluch und Segen zugleich. Denn für Unternehmen ist es durchaus eine notwendige wie riskante Entscheidung, auf der operativen Ebene in technische Digitalisierung zu investieren. Das ist sicherlich ein Grund dafür, dass insbesondere mittelständische Unternehmen noch zögern, solche Investitionen zu tätigen. Investitionen in Kommunikationskanäle und -programme sind dabei nachgelagert.

Für die Kommunikationsexperten wird die Welt insofern herausfordernder, als dass sich mit der Medienlandschaft die Kommunikationsverhältnisse und Diskursräume erweitert und verändert haben. Rein operativ-pragmatisch betrachtet, müssen mehr Kanäle in noch mehr Formaten bedient und dabei eine deutlich erweiterte Zahl an Stakeholdern im Diskurs berücksichtigt werden. Dabei müssen die eigenen Kompetenzen erweitert werden, die eigene Rolle der (Internen) Unternehmenskommunikation hat sich ebenfalls verändert, neue Aufgaben als Übersetzer, Berater oder Data Analyst sind hinzugekommen. Und diese technischen wie operativen Veränderungen gehen in der kulturellen Dimension mit einer fundamentalen Veränderung der Arbeitspraxis, der Methoden, der Anforderungen und Ansprüche wie auch der Selbst- und Rollenbilder der internen Corporate Communities von Führungskräften und Mitarbeitern einher.

In diesem Kontext empfiehlt es sich, nochmals einen Schritt zurückzugehen und sich als Kommunikator zu sortieren. Denn ein zentraler Anspruch an gelingende Unternehmenskommunikation bleibt bestehen – für eine erfolgreiche Vermittlung der Unternehmensinteressen hinsichtlich der Produkte, Services oder hinsichtlich des Unternehmens selbst, „(…) um gegenseitig vorteilhafte Beziehungen zwischen einem Unternehmen und seinen Bezugsgruppen aufzubauen und zu pflegen" (Kirchner 2001, S. 36). Damit Interne Kommunikation ihre Funktion als Werttreiber ausüben kann, ist weiterhin ein „(…) koordinierte(s) Management aller Kommunikationsquellen (…) erforderlich" (vgl. Bruhn 2003, S. 17). Damit wird die interne Kommunikation wiederum aus einer Corporate-Perspektive als ein Baustein innerhalb der gesamten Unternehmenskommunikation verortet. Denn „(…) aus den differenzierten Quellen der internen und externen Kommunikation von Unternehmen (soll) eine Einheit (…) (hergestellt werden), um ein für die Zielgruppen der Kommunikation konsistentes Erscheinungsbild (...)" zu vermitteln (vgl. Bruhn 2003, S. 17). Integrierte Kommunikation ist hierbei das entscheidende Stichwort, zugleich der Anspruch und liefert dabei auch den Fahrplan, um in einem geordneten Prozess der Analyse, Strategie, Planung, Organisation, Durchführung, Kontrolle und Steuerung den Überblick zu behalten und zielgerichtet zu kommunizieren (vgl. Bruhn 2003, S. 17) – und damit konkrete kommunikative, operative und ökonomische Ziele zu erreichen. Es wird die Erfolgsmessung bzw. das Controlling von internen Kommunikationsmaßnahmen unter dem Aspekt der digitalen Transformation an Relevanz gewinnen.

Dabei steht nach wie vor der Gedanke der Steuerung von Kommunikation im Vordergrund. Entlang der internen Kanäle und Formate kann überprüft werden, inwiefern Inhalte und Kernbotschaften verstanden und akzeptiert sind, wie die Stimmungslage, Motivation und Einstellung der Mitarbeiter zu zentralen Unternehmensthemen ist, um daraus Erkenntnisse für die weitere Kommunikationsarbeit zu gewinnen: Was funktioniert gut und wo muss nachgesteuert werden? Durch die Kommunikation über digitale Kanäle sind die Möglichkeiten einer operativen Analyse in quantitativer und qualitativer Hinsicht gut, einfach und schnell gegeben. Beispielsweise kann sehr zeitnah erfasst werden, welche Online-Artikel viel gelesen werden oder zu welchen Themen in Foren eine intensive Diskussion erfolgt. Mitarbeiterbefragungen sind insofern nicht mehr das einzige Tool, um Einstellungen abzufragen, aber – auch in der Online-Variante – ein sinnvolle Ergänzung.

Unter der Idee der integrierten Kommunikation gibt es – als Reaktion auf die Mediengesellschaft 2.0 und die digitalisierte interaktive Kommunikation – inzwischen Tendenzen, die Trennung zwischen Interner und Externer Kommunikation vollständig einzureißen. Dahinter steckt natürlich die realistische Einschätzung, dass es von jeher keine scharfe Trennlinie zwischen interner und externer Information gab. Gerade mit Blick auf ein aktives Themenmanagement, das darauf abzielt, die Stakeholder für ein Unternehmen einzunehmen bzw. zu begeistern, erscheint diese Abgrenzung nicht notwendig – trotz verschiedener Adressatenkreise. Ohnehin kann man in der aktuellen Diskurswelt nicht davon ausgehen, dass „(...) Informationen, die an 500 oder gar 50.000 Menschen, die alle ein Leben außerhalb ihres Arbeitsplatzes haben, verteilt werden, nicht ihren Weg an die Presse oder in öffentliche Foren fänden. Schlichtweg gefährlich ist es, diese Tatsache zu ignorieren" (MacNiven 2012, S. 32). Entsprechend ist es sinnvoll, diese Angleichung von interner und externer digitaler Lebens-, Erfahrungs- und Kommunikationswelt der Mitarbeiter und externen Stakeholder im positiven Sinne zu nutzen. Davon können die Unternehmen durchaus profitieren, indem sie ein Stück weit Kontrolle abgeben und zulassen, dass ihre Mitarbeiter tatsächlich zu den besten Botschaftern des Unternehmens in sozialen Netzwerken, Microblogs, Onlineforen oder beim Instant Messaging werden.

Richtig geschult und vorbereitet können sie dabei eine kommunikative Breite abdecken, die in der Form aufgrund der Vielzahl von Social-Media-Formen keine Kommunikationsabteilung mehr leisten kann. Tatsächlich versuchen inzwischen Unternehmen, ihre kommunikative Leistung zu bündeln, indem sie Interne und Externe Kommunikation im Rahmen eines Newsroom-Modells zusammenführen. Allerdings stößt auch dieser Versuch, Corporate Communication unter der digitalen Herausforderung effizienter zu gestalten, an seine ressourcenbedingten Grenzen. Zudem ist fraglich, ob – allein unter dem Aspekt der Kommunikation interner strategischer Projekte und Programme – diese vollständige Vermischung überhaupt durchzuhalten und nicht zu sehr auf die rein thematisch-redaktionelle Rolle der Kommunikatoren zugeschnitten ist und dabei andere wichtige Rollen – als Übersetzer, Vermittler und Berater – vernachlässigt. Entsprechend muss die Interne Kommunikation darauf achten, am Ende nicht „überall und nirgends dabei" zu sein (vgl. Meyrowitz 1990) und sich nicht in der kommunikativen Beliebigkeit auf digitalen Irrwegen zu verlaufen. Gerade die Auswahl relevanter Informationen und das Steuern von Themen sind hierbei eine wichtige Funktion Interner Kommunikation, um Mitarbeiter wie Führungskräfte nicht „zu Tode zu informieren" (vgl. Postmann 1985). Vielmehr sollten die internen Experten ihre Rolle als Kommunikationsmanager einnehmen und entlang der strategischen Zielsetzung des Unternehmens hinsichtlich Wettbewerb und Innovationsfähigkeit die Entwicklung der Corporate Identity als zentrales Handlungsfeld weiter vorantreiben. Das Strategem für die Interne Kommunikation bilden dabei die beiden Pole aus Dialog und Digital für eine erfolgreiche kulturelle Transformation und ein erweitertes „Corporate Community Management".

Literatur

Bernays, E. 1955. *Engineering of consent*. Norman: University of Oklahoma Press.

Bruhn, M. 2003. *Integrierte Unternehmens- und Markenkommunikation*. Stuttgart: Schäffer-Poeschel.

Bullis, H.A. 1948. *Management's stake in public relations*. New York: Funk and Wagnalls.

Dörfel, L., und C. Rossi. 2014. *SCM Buch Rede mit mir!* 2., Aufl. Berlin: SCM.

Dretske, F. 1999. *Knowledge and the flow of information*, Revised Aufl. Cambridge: MIT.

Einwiller, S., und C. Landmeier. 2012. Interne Kommunikation: Digitale Strategien für Mitarbeiter und Führungskräfte. In *Handbuch Online-PR. Strategische Kommunikation im Internet und Social Web*, Hrsg. A. Zerfaß und T. Pleil, 201–216. Konstanz: UVK.

Erpenbeck, J., und L. von Rosenstiel. 2003. *Handbuch Kompetenzmessung*. Stuttgart: Schäffer-Poeschel.

Frenzel, K., M. Müller, und H. Sottong. 2004. *Storytelling: Das Harun-al-Raschid-Prinzip. Die Kraft des Erzählens fürs Unternehmen nutzen*. Hamburg: Hanser.

Gloger, B. 2016. Agile Leadership mit Scrum. In *Digital Leadership. Erfolgreiches Führen in Zeiten der Digital Economy*, Hrsg. T. Petry. Freiburg: Haufe.

Herbst, D.G. 2014. *Storytelling,* 3. Aufl. Konstanz: UVK.

Herbst, D.G. 2016. *Digital Storytelling. Spannende Geschichten für interne Kommunikation, Werbung und PR*. Konstanz: UVK.

Jäger, W., und T. Petry. 2012. Enterprise 2.0 – Herausforderungen für Personal, Organisation und Führung. In *Enterprise 2.0 – Die digitale Revolution der Unternehmenskultur*, Hrsg. W. Jäger und T. Petry. Köln: Wolters Kluwer.

Jäger et al. 2017. „Interne Kommunikation 4.0: Trends und Herausforderungen der digitalen Transformation". Studie der Hochschule RheinMain, Masterstudiengang Media & Design Management, Wiesbaden.

Keese, C. 2016. *Silicon Valley. Was aus dem mächtigsten Tal der Welt auf uns zukommt*. München: Knaus.

Kirchner, K. 2001. *Integrierte Unternehmenskommunikation*. Wiesbaden: VS Verlag.

Kirf, B., und K.-N. Eicke. 2016. *Zehn Thesen zu Trends und Tendenzen des künftigen Kommunikationsmanagements. Kommunikationsmanagement (Loseblattsammlung)*. Köln: Wolters Kluwer.

Kirf, B., und S. Schömburg. 2012. Enterprise 2.0 in der internen Personalkommunikation. In *Enterprise 2.0 – Die digitale Revolution der Unternehmenskultur*, Hrsg. W. Jäger und T. Petry. Köln: Wolters Kluwer.

Kolb, G. 2012. Vom Privatvergnügen zum Managementinstrument – Wie Social Media zum Resonanzboden der Organisationsentwicklung werden können. In *Social Media in der internen Kommunikation*, Hrsg. L. Dörfel und T. Schulz. Berlin: SCM.

Kuhn, T.S. 1962. *Die Struktur wissenschaftlicher Revolutionen*. Frankfurt a. M.: Suhrkamp.

Külschbach, J. 2017. Digital Workplace. Eine Weiterentwicklung des klassichen Intranets. Master-Thesis. Wiesbaden.

Luhmann, N. 1996. *Die Realität der Massenmedien,* 2., erweiterte Aufl. Opladen: Westdeutscher Verlag.

MacNiven, S. 2012. Social Media in der internen Kommunikation. In *Social Media in der internen Kommunikation*, Hrsg. L. Dörfel und T. Schulz. Berlin: SCM.

Malik, F. 2013. *Management: Das A und O des Handwerks*. Frankfurt: Campus.

Mast, C. 2013. *Interne Kommunikation – Stellenwert und Neuausrichtung. Kommunikationsmanagement (Loseblattsammlung)*. Köln: Wolters Kluwer.

Maturana, H., und F. Varela. 1979. *Autopoiesis and cognition: The realization of the living*. Boston: D. Reidel (Studies in the Philosophy of Science).

Maturana, H., und F. Varela. 1984. *The tree of knowledge. Biological basis of human understanding*. Boston: Shambhala.

McAfee, A. 2017. Enterprise 2.0, version 2.0. Online veröffentlicht 2017. http://andrewmcafee.org/2006/05/enterprise_20_version_20/. Zugegriffen: 23. Aug. 2017.

McLuhan, M. 1967. The Medium is the Massage: An Inventory of Effects with Quentin Fiore, produced by Jerome Agel. 1., Aufl. London: Random House.

Meffert, H., C. Burmann, und M. Koers, Hrsg. 2005. *Markenmanagement,* 2. Aufl. Wiesbaden: Springer Gabler.

Merten, K. 2001. Determinanten des Issues Management. In *Issues Management*, Hrsg. Ulrike Röttger. Wiesbaden: VS Verlag.

Meyrowitz, J. 1990. *Fernseh-Gesellschaft I: Überall und nirgends dabei*. Beltz: Perfect Paperback.
Nonaka, I., und H. Takeuchi. 1995. *The knowledge-creating company*. New York: Oxford University Press.
Oppermann, A. 2017. Digital Workplace: Was ist das – Und warum? Veröffentlicht 29.03.2017. https://www.denkhadwerker.de/digital-workplace/. Zugegriffen: 23. Aug. 2017.
O'Reilly, T. 2005. What is web 2.0. Design patterns and business models for the next generation of software. Online veröffentlicht am 30.09.2005. https://www.oreilly.com/pub/a/web2/archive/what-is-web-20.html. Zugegriffen: 23. Aug. 2017.
Ott, U. 2011. Hebelwirkungen der Führungskräfte. In *Personalkommunikation. Interne und externe Öffentlichkeit für HR-Themen gewinnen*, Hrsg. W. Jäger und L. Rolke. Köln: Wolters Kluwer.
Petry, T. 2016. *Digital Leadership. Erfolgreiches Führen in Zeiten der Digital Economy*. Freiburg: Haufe.
Pincus, J.D., A.P.R. Robert, A.P.R. Rayfield, und J.N. DeBonis. 1991. Transforming CEOs into chief communications officer. *Public Relations Journal* 47 (November): 22–27.
Postmann, N. 1985. *Wir amüsieren uns zu Tode. Urteilsbildung im Zeitalter der Unterhaltungsindustrie*. Frankfurt a. M.: Fischer.
Sammers, P. 2014. „Shortlist und Gewinner der PR Lions sind ein klares Signal". Online veröffentlicht am 18.06.2014 auf PRReport. http://prreport.de/home/aktuell/article/8462-shortlist-und-gewinner-der-pr-lions-sind-ein-klares-signal/. Zugegriffen: 10. Juli 2017.
Schick, S. 2014. *Interne Unternehmenskommunikation. Strategien entwickeln, Strukturen schaffen, Prozesse steuern*, 5., aktualisierte Aufl. Stuttgart: Schäffer-Poeschel.
Schmidt, H. 2008. *Internal Branding: Wie Sie Ihre Mitarbeiter zu Markenbotschaftern machen*. Wiesbaden: Gabler.
Searle, J. 1969. *Speech acts*. Cambridge: Cambridge University Press.
Serrano, M.A.O. 2012. *Medienkompetenz: Storytelling in der Unternehmenskommunikation*. Berlin: Cornelsen.
Singer, W. 2013. *Der Beobachter im Gehirn: Essays zur Hirnforschung*. Frankfurt a. M.: Suhrkamp.
Szyszka, P. 2004. „Integrierte Kommunikation als Kommunikationsmanagement". In *Public Relations – Perspektiven und Potenziale*, Hrsg. T. Köhler und A. Schaffranietz im 21. Jahrhundert. S. 199–215. Wiesbaden. Springer VS.
Thier, K. 2005. *Storytelling: Eine narrative Managementmethode (Arbeits- Und Organisationspsychologische Techniken)*. Berlin: Springer.
Van Riel, C.B.M., und C.J. Fombrun. 2007. *Essentials of corporate communication: Implementing practices for effective reputation management*. Routledge: Taylor & Francis.
Voß, A. 2012. Leadership 2.0: Die Skepsis der Leitwölfe überwinden – Mit Web 2.0. In *Social Media in der internen Kommunikation*, Hrsg. L. Dörfel und T. Schulz, 259–274. Berlin: SCM.
Wolf, D. (2007), Prepared and resolved: The strategic agenda for growth, performance and change. dsb Publishing.

Weiterführende Literatur

Mast, C. 2006. *Unternehmenskommunikation. Ein Leitfaden*. UTB: Stuttgart.

Externe Unternehmenskommunikation: Lost in Transformation

3

Souren Schömburg

Unternehmen stehen in vielen Bereichen vor der Aufgabe, dem stetig wachsenden Druck der Digitalisierung sinnvoll und zielgerichtet auf allen Ebenen zu begegnen. Neben Megatrends wie z. B. „Industrie 4.0", welche sich auf die Transformation industrieller Produktionsprozesse konzentriert, ist besonders der Bereich der Unternehmenskommunikation im Fokus der Digitalisierung und demnach auch der damit verbundenen digitalen Transformation der Kommunikation. Denn unabhängig davon, wer mit wem kommuniziert – ob Mensch mit Maschine, Mensch mit Mensch oder Maschine mit Maschine –, die Aspekte der Vernetzung und des unmittelbaren sowie fortlaufenden kollaborativen Dialogs sind tragende Faktoren der digitalen bzw. Online-Kommunikation der Gegenwart und natürlich auch der nahen Zukunft. Dreh- und Angelpunkt bzw. technische Grundlage der digitalen Kommunikation ist hierbei das Internet bzw. in internen Kommunikationsszenarien auch ergänzend das Intranet. Doch es hat sich einiges seit dem Sommer 1991, als das Internet[1] für die Öffentlichkeit zugänglich wurde (vgl. n-tv 2011), verändert. Als übergeordneter Ansatz lässt sich an dieser Stelle schon formulieren, dass es bei der digitalen Transformation im Kommunikationsbereich konkret um die Nutzung und Anwendung – und natürlich auch Mit- und Weiterentwicklung – des teilweise schon bestehenden natürlichen digitalen Kommunikationshabitats der Stakeholder geht. Ein Effekt der digitalen Transformation auf Unternehmen besteht, neben vielen anderen, in der Erweiterung und Ausdehnung der zur Verfügung stehenden Kommunikationsräume und somit in der Vergrößerung des Spektrums und des Volumens für Unternehmenskommunikation sowie der Schaffung von neuen Schnittstellen zu den Stakeholdern. Als Beispiel kann hier zielgerichtetes, format- und plattformübergreifendes Digital Storytelling genannt werden. Die

[1]Nicht in der uns heute bekannten Form, sondern als Hypertext-Dienst via Usenet.

B. Kirf et al., *Unternehmenskommunikation im Zeitalter der digitalen Transformation,* https://doi.org/10.1007/978-3-658-15364-9_3

digitale Transformation ist als etablierter Megatrend maßgeblich aus der Sicht von Unternehmen von außen getrieben und orientiert sich an gesellschaftlich-kommunikativen Standards, Fakten und geschaffenen Realitäten. Dieser durch Gesellschaft getriebene Prozess – der durch die Mitarbeiter natürlich auch formell und informell seinen Weg in Unternehmen findet – ist extrem dynamisch, agil und progressiv. Neue Technologien, besonders im Kommunikationsbereich, können in der Mediengesellschaft 2.0 unmittelbar adaptiert, integriert und gleichzeitig – wenn aus Sicht der User nützlich und erfolgreich – optimiert und weiterentwickelt werden. Um als Unternehmen die zweifelsfreien großen Potenziale der digitalen Kommunikation für sich nutzen zu können, sind demnach zunächst die absolute Akzeptanz der nicht aufzuhaltenden und andauernden Digitalisierung sowie der Aufbau von tiefgreifenden unternehmensinternen Kompetenzen und Know-how notwendig.

Was muss daher eine moderne Unternehmenskommunikation strategisch und operativ leisten, wenn die zuvor angesprochenen Basisleistungen erbracht wurden, um mit alten, neuen und zukünftigen Stakeholdergruppen in einen kontinuierlichen Dialog zu treten und um einen konsistenten digitalen Informationsfluss und -austausch[2] gewährleisten zu können? Unternehmenskommunikatoren steht mittlerweile – neben der eigenen Homepage – ein bunter Strauß an verschiedensten Werkzeugen, angefangen beim Newsletter oder der Schaltung von Ad-Bannern über Micro- und Kampagnensites bis hin zu diversen Social-Media-Instrumenten und -Plattformen, zur Verfügung. Hier zeigt sich besonders deutlich, wie komplex die Aufgabe ist, diese verschiedenen Instrumente, Maßnahmen und Anforderungen in einem integrierten, aufeinander abgestimmten und strategisch-zielgerichteten Ansatz zu vereinen.

Doch nicht nur die Auswahl der passenden Instrumente ist eine Herausforderung. Besonders das Themenmanagement und die Auswahl der passenden Themen für die entsprechenden Maßnahmen und Stakeholder sind vielschichtiger in der digitalen Kommunikation. Denn in der primär medieninduzierten Aufmerksamkeitsökonomie der Mediengesellschaft 2.0 treten nicht nur Unternehmen und Produkte in Konkurrenz zueinander, sondern auch Botschaften und Themen. Die Themenkonkurrenz bzw. der Wettbewerb um Themenhoheit ist stärker geworden. Gleichzeitig sind die Lebenszyklen von Themen in der modernen Mediengesellschaft teilweise kürzer geworden. Ein dynamisches, flexibles und zukunftsorientiertes Themenmanagement, verstanden als die geplante und systematische Suche, Bewertung, Aufbereitung und Verwertung von Themen im Rahmen der internen und externen Kommunikation, wird daher im Zusammenhang mit digitaler Unternehmenskommunikation immer wichtiger. Aufmerksamkeitsstarke Inhalte und Themen bilden auch in der digitalen Kommunikation die inhaltliche Basis für

[2]Das betrifft auch das Generieren von Nutzer- bzw. Kundendaten.

eine mediale Präsenz und damit die Anschlussfähigkeit der Unternehmenskommunikation an die Stakeholder-Interessen in der digitalen Öffentlichkeit. Nicht nur für die strategische Ausrichtung des Themenmanagements, sondern auch für die gesamte digitale Kommunikation gilt: Der Schlüssel kann nur ein fundamentaler strategischer Ansatz hinsichtlich der Digitalisierung bzw. Transformation der Kommunikation sein, um nicht in den Zustand „Lost in Transformation" zu verfallen.

3.1 Die ersten Überlegungen

Als erster Schritt in Richtung einer digitalen Kommunikationsstrategie sollte ein umfassendes Analysemodell hinsichtlich des Status quo der Kommunikation und anderer unternehmensstrategischer Ausrichtungen aufgestellt und natürlich auch angewendet werden. Die Notwendigkeit dieses Schrittes lässt sich beispielhaft am Kauf eines Familienwagens versinnbildlichen. Es ist durchaus möglich, in ein Autohaus zu gehen und ohne weiteres Nachdenken und ohne Beratung einen Geländewagen zu kaufen, weil man diesen bei seiner Nachbarfamilie gesehen hat und ihn optisch sehr ansprechend fand. Dies wäre vergleichbar mit der Situation, in der ein Unternehmen die digitale Kommunikationsstrategie eines anderen Unternehmens blind und unreflektiert adaptiert, weil dieses damit sehr erfolgreich ist. Der zielorientiertere Weg zum passenden Familienauto ist es jedoch, zunächst intern mit der Familie und im Anschluss mit dem Verkäufer die Bedürfnisse, Ressourcen, Budgets und Zukunftspläne zu besprechen und aktuelle Angebote zu sichten, um darauf basierend das optimale bzw. bedarfsgerechte Vehikel zu finden. Überträgt man dies auf den Prozess der Strategieentwicklung wird deutlich, dass ein tiefgreifender, interdisziplinärer Reflexions- und Analyseprozess im Unternehmen – bei dem auch externe Berater und Dienstleister hilfreich sein können – notwendig ist, um eine optimale und vor allem individuell zugeschnittene Strategiedefinition für ein Unternehmen entwickeln zu können.

Im Folgenden werden mögliche Fragestellungen, die zu Beginn im Kontext der Analysephase zu beachten und zu erörtern sind, um einen übergeordneten Status quo zu ermitteln, aufgeführt. Zur Beantwortung dieser Fragen können Mitarbeiterinterviews, Kunden- und Partnerumfragen, bestehende Strategien und Analysedatensätze verschiedenster Instrumente und Plattformen genutzt werden.

Was sind die Kerninhalte der Mission, der Vision und der allgemeinen Strategie des Unternehmens?

Aus Mission, Vision und Unternehmensstrategie lassen sich bereits erste Ansätze erkennen bzw. ableiten, die für die Entwicklung des strategischen Kommunikationskonzeptes maßgeblich sein werden. Ein Beispiel wäre hier, wenn ein strategischer

Kernaspekt des Unternehmens die Entwicklung vom Produkt- zum Lösungsanbieter ist und das Geschäft auf dem internationalen Markt ausgeweitet werden soll. Denn ein Kernziel der digitalen Kommunikationsstrategie muss es immer sein, die Verwirklichung der übergeordneten Unternehmensziele zu unterstützen und als flankierendes Instrument für möglichst alle Unternehmensbereiche zu wirken.

Über welche Aspekte und Charakteristika definiert sich die bestehende Kommunikationskultur?

Noch bevor spezifische strategische, technische oder operative Aspekte angedacht werden, muss ein anderer grundlegender bzw. allgemeingültiger weicher Faktor beleuchtet und kritisch geprüft werden. Die entsprechende Unternehmens- /Kommunikationskultur bzw. die Frage, wie digital-affin diese bereits ist. Denn diese Kultur ist in erster Instanz dafür ausschlaggebend, ob beispielsweise eine dialogische Kommunikation des Unternehmens per Social Media überhaupt möglich ist. Ist die allgemeine Kommunikationskultur eines Unternehmens eher intransparent, informell, verschwiegen und statisch, bietet diese im unternehmerischen Mindset wenige realistische Ansätze, um eine transparente, dialogische und vor allem dynamische Unternehmenskommunikation mit relevanten Stakeholdern in Social Media zu realisieren. An dieser Stelle wird noch einmal deutlich, dass die digitale Transformation – unabhängig von Unternehmensbereich und Disziplin – ein bedeutender kultureller Veränderungsprozess des Unternehmens ist, der besonders im Bereich Kommunikation eine starke inhalts- und themengetriebene Anwendungskultur für eine erfolgreiche Umsetzung verlangt. Wo keine relevanten Inhalte bzw. Themen für einen Dialog – besonders über digitale Medien – mit den Stakeholdern vorhanden sind, kann auch keine Kommunikation mit Mehrwert entstehen.

Wer war oder ist bisher Initiator, Treiber und gegebenenfalls auch Owner für digitale Kommunikationsprojekte?

Hier gilt es zu identifizieren, wer bzw. welche Abteilung(en) aktuell im Unternehmen das Thema digitale Kommunikation verantwortet(en) und demnach auch direkt oder indirekt dessen Treiber ist. Gibt es schon etablierte interne Standards und Prozesse? Parallel dazu kann überprüft werden, wie die Unternehmensführung und im Besonderen deren einzelne Mitglieder zum Thema digitale Kommunikation stehen. Wer ist ein starker Befürworter und wer steht dem Thema eher skeptisch gegenüber?

Welche Maßnahmen und Instrumente (klassisch und digital) werden aktuell in der Unternehmenskommunikation angewendet?

Wie weit ist die digitale Kommunikation des Unternehmens bereits entwickelt? Welche klassischen Maßnahmen und Instrumente der Kommunikation wurden bisher durch digitale ergänzt oder sogar ersetzt? Wie sehen der Medienmix und die Crossmedialität der Kommunikation aus?

Welche Strategien und Konzepte wurden bisher im Unternehmen für digitale Kommunikationsprojekte und -maßnahmen angewendet?
Wie strategisch- und konzeptionell-fundiert wurde in digitalen Kommunikationsprojekten gearbeitet? Was waren die Zielsetzungen und Themen? Das sind nur ein paar aus der Hauptfrage abgeleitete Unterfragen. Grundsätzlich gilt es zu beleuchten, ob Strategien vorhanden sind, wie erfolgreich sie umgesetzt wurden und ob sie zur strategischen Weiterentwicklung der digitalen Unternehmenskommunikation dienen können.

Wie wurden in der Vergangenheit digitale Kommunikationsprojekte und -maßnahmen intern und extern wahr-/angenommen und wie erfolgreich waren diese?
Diese Fragestellung steht in Bezug zur vorangegangenen Frage bezüglich der Aspekte und Charakteristika der Kommunikations- bzw. positiven Anwendungskultur sowie der Digital-Affinität eines Unternehmens. Auch der bisherige Erfolg der digitalen Kommunikation bzw. der entsprechenden Maßnahmen des Unternehmens muss geprüft werden. Sollte ein Einblick in die Strategie bzw. die Planung der zu untersuchenden Maßnahmen möglich sein, kann an dieser Stelle natürlich eine tief greifende Erfolgskontrolle z. B. anhand von maßnahmenspezifischen KPI-Daten erfolgen.

Wie digital-affin sind die einzelnen Stakeholdergruppen?
Wie hoch ist die Affinität der relevanten (internen und externen) Stakeholder hinsichtlich digitaler Kommunikation? Wie lässt sich deren aktuelles und prognostiziertes Nutzungsverhalten von digitalen Medien beschreiben und einordnen? Wo liegen die Unterschiede innerhalb der Gruppen und in welchem Bereich oder auf welcher Ebene sind diese erkennbar?

Welche für das Unternehmen relevante Trends und Entwicklungen gibt es?
Gibt es Trends und Entwicklungen, die aus Sicht des Unternehmens besonders interessant und wertvoll sind oder in Zukunft sein können? Welche Entwicklungen (z. B. technisch, politisch oder gesellschaftlich) sollten genauer beobachtet werden?

Wie weit ist die Entwicklung der eigenen Branche?
Auf welchem Level der Digitalisierung der Kommunikation befindet sich die eigene Branche (gegebenenfalls inklusive Partner, Lieferanten, Dienstleister etc.)?

Wie ist der branchenspezifische digitale Transformations-Status? Ist man als Branchenunternehmen z. B. mit einem Social-Media-Account für CRM-Themen „First Mover“ oder ist der Branchenstandard schon weitaus weiterentwickelt? Was sind die Hintergründe und Treiber für den Status quo der Branche?

Wie ist der Entwicklungsstatus der länderspezifischen Märkte hinsichtlich digitaler Kommunikation?
Gibt es signifikante Faktoren, Richtlinien oder Gewohnheiten für digitale Kommunikation in den Ländern bzw. auf den Märkten, in denen das Unternehmen tätig ist? Wie ist der länderspezifische digitale Transformationsstatus? Wie sehen die etablierten technischen Standards und die bestehenden digitalen Infrastrukturen aus? Wo gibt es z. B. gravierende Unterschiede zum Heimatmarkt? Welche Entwicklungen und Fortschritte sind in welchem Zeitraum zu erwarten?

Die Antworten auf die oben genannten Fragestellungen sind erste Anhaltspunkte für strategische Überlegungen und dienen zum einen als Entscheidungsgrundlage für die weiteren Schritte in diesem Prozess und zum anderen als Basis für den Aufbau der im Folgenden exemplarisch beschriebenen Entwicklungsskizze einer Strategie.

3.2 Die Strategie

Eine Strategie zeichnet sich nicht explizit durch eine strikte Planung aus, sondern „(…) durch eine längerfristige Betrachtungsweise einen Wettbewerbsvorteil zu entwickeln…“ (Fiege 2012, S. 42). Eine attraktive und motivierende Zukunftsperspektive, klare Anweisungen, Innovationscharakter und eine realistische Umsetzbarkeit zeichnen – basierend auf einer analytischen Grundlage – eine gute Strategie aus (vgl. Fiege 2012, S. 42). Um den Aufbau einer Strategie im Bereich der digitalen Kommunikation zu konkretisieren und zu veranschaulichen, wird dieser im weiteren Verlauf exemplarisch am Beispiel einer aus Sicht der Unternehmenskommunikation initiierten „Umbrella Social Media Strategy“ für ein international tätiges mittelständisches Unternehmen (D.T.U. GmbH)[3] illustriert. Denn obwohl das Thema digitale Transformation der Kommunikation viel mehr als den Bereich Social Media und das Web 2.0 umfasst, ist dies für viele Unternehmen häufig der erste Schritt, der, neben der eigenen Homepage, in der externen Unternehmenskommunikation getätigt wird.

[3]Die D.T.U. GmbH ist ein fiktives Unternehmen aus dem B2B- und B2C-Bereich.

Die „Umbrella Social Media Strategy“ soll den einzelnen fiktiven D.T.U.-Unternehmensabteilungen und deren Ländervertretungen als Grundlage für die Konzeption und Umsetzung von eigenen Social-Media-Konzepten und -Maßnahmen dienen.

3.3 Strategiestruktur

Um die Struktur einer Strategie festzulegen, müssen verschiedene Schritte unternommen werden, denen sich dieses Kapitel widmet:

1. Einleitung und Ausgangslage
2. Analyse
   i. Status quo der eigenen Social-Media-Kommunikation und unternehmenseigene Benchmarks
   ii. Status quo der Social-Media-Kommunikation der Konkurrenz und Benchmarks
   iii. Trends im Bereich Social Media
   iv. Kompetenzen, Ressourcen und Budgets
3. Stakeholder-Gruppen
   i. Externe Stakeholder
   ii. Spezielle externe Stakeholder
   iii. Interne Stakeholder
   iv. Spezielle interne Stakeholder
4. Strategie
5. Rollen und Aufgaben
6. Themenmanagement
7. Kernbotschaften
8. Maßnahmen
9. Handbook Social Media

3.3.1 Einleitung und Ausgangslage

In diesem ersten Segment der Strategie sollte eine Definition des Unternehmens zum Thema Social Media erfasst werden sowie eine kurze Herleitung, warum dieses auf der internen Agenda steht. Zudem können aus Sicht des Unternehmens wichtige Aspekte des Themas angesprochen und eine Form der Legitimierung der Strategie angeführt werden. Es ist essenziell, an dieser Stelle auch übergeordnete Aspekte der Unternehmensstrategie (z. B. Mission und Vision, klassische

2020-Formulierungen etc.) zur Unterstützung der Herleitung zu verwenden und zu beschreiben, um zu zeigen, wie die einzelnen Segmente der unternehmerischen Zielsetzungen von der Social-Media-Strategie flankierend unterstützt werden. Fragestellungen für die Entwicklung dieses Absatzes können sein: „Wer sind relevante Influencer für die Social-Media-Strategie?“ und „Welche strategischen Vorgaben, kommunikativen Zielsetzungen und Verantwortlichkeiten sind bei der Erstellung der Social-Media-Strategie zu beachten?“ Dies können z. B. die aktuelle Markenpositionierung, relevante Faktoren aus HR und Employer Branding oder Pläne des Vertriebs und Marketings sein. Ziel sollte es sein, einen ersten Eindruck der internen Sichtweise des Unternehmens auf das Thema Social Media zu vermitteln, die Ausgangslage abzubilden und das Potenzial im strategischen Kontext mit den Unternehmenszielen aufzuzeigen.

Beispiel

- Popularität und Nutzung des Web 2.0 – insbesondere in Form von Social-Media-Plattformen – steigen und damit verbunden die dort veröffentlichten und diskutierten Inhalte, Themen und Meinungen.
- Die D.T.U. GmbH ist bereits im Social Web aktiv – allerdings bisher nur vereinzelt und ohne strategisch-kommunikative Basis.
- Dem geplanten Ausbau der Aktivitäten im Social Web sowie deren Bündelung und Professionalisierung liegt künftig als verbindliche Vorlage eine „Umbrella Social Media Strategy“ zugrunde. Diese basiert auf der Zielsetzung „WE 2020“ und umfasst die Ziele und Bedürfnisse aller Unternehmensabteilungen.
- Besonderer Fokus der Social-Media-Strategie liegt auf der Unterstützung der Zielsetzungen „A 2020“, „E 2020“ und „K 2020“, da sich deren Umsetzung zielführend über Maßnahmen im Web 2.0 medial flankieren lassen.
- Alle Social-Media-Aktivitäten werden im crossmedialen Kontext geplant und interpretiert, um deren Wirkung durch die Verknüpfung mit anderen Instrumenten und Kanälen der Unternehmenskommunikation zu unterstützen und zu verstärken.
- Die Aufbereitung der Inhalte und die Konzeption der Maßnahmen erfolgen jeweils abteilungs-, länder-, kanal- und stakeholdergruppenspezifisch.

3.3.2 Analyse

Die in Abschn. 3.1 beschriebenen grundliegenden Fragestellungen zur Ermittlung des Status quo der digitalen Kommunikation im Unternehmen sind für die Analysephase im Rahmen der Strategie eine hilfreiche Grundlage. Als kompakte

Fragestellung lässt sich Folgendes formulieren: „Welche Empfehlungen für die Social-Media-Strategie ergeben sich aus einer zielgeleiteten Betrachtung der aktuellen Trends im Social Web, der bisherigen kommunikativen Aktivitäten im Web 2.0, einem Wettbewerbsvergleich sowie den Zielen und Wünschen relevanter interner Stakeholder (z. B. aus Vertrieb, Marketing oder HR)?". Als erstes Bindeglied zwischen Einleitung und analytischen Herleitungen kann eine klassische SWOT-Analyse dienen. Diese sollte idealerweise früh im Projektverlauf der Strategiedefinition erstellt werden und im Ergebnis ein mehrheitlich positives Bild für potenzielle Aktivitäten des Unternehmens in Social Media zeichnen. Neben dem bekannten Format der SWOT-Analyse sind die im nachfolgenden Abschnitt aufgelisteten Beispielfragen eine gute Hilfestellung, um die Analysephase zielgerichtet einzuleiten und durchzuführen. Zur Ermittlung der notwendigen Daten aus dem Social Web – unterstützend zur Analyse der eigenen und fremden Kanäle – kann ein händisches oder Tool-gestütztes Social Media Monitoring herangezogen werden. Die Ergebnisse der Fragestellungen können z. B. in ein simples Tabellenraster übertragen werden.

Folgende Leitfragenstruktur ist möglich:

Status quo der eigenen Social-Media-Kommunikation und unternehmenseigene Benchmarks

- Ist das Unternehmen im Social Web bereits aktiv?
- Welche Abteilung des Unternehmens ist aktuell für Social Media verantwortlich und wo liegt diese (z. B. Standort Brasilien oder Headquarter in Berlin)?
- In welcher Form ist das Unternehmen vertreten (z. B. auf Plattformen wie Facebook und LinkedIn) oder aktiv (z. B. über Blogger Relations oder andere Kooperationen)?
- Basieren die kommunikativen Aktivitäten auf einer Strategie und sind spezielle Richtlinien (z. B. Social Media Policy/Guideline) vorhanden?
- Wie sind die Aktivitäten und Maßnahmen zu bewerten (z. B. Anzahl Fans/Follower/Abonnenten, Beiträge, Themen, Interaktion, Sentiment etc.)[4]?
- Welche Projekte (z. B. abteilungsspezifische Accounts) können gegebenenfalls als interne Benchmark für Social-Media-Maßnahmen gesehen werden?

[4]Im Idealfall liegen hier KPI-basierte interne Reportings, z. B. auf Grundlage des zuvor erwähnten Social Media Monitorings, für die einzelnen Social-Media-Maßnahmen vor.

Status quo der Social-Media-Kommunikation der Konkurrenz und Benchmarks

- Wer aus dem Konkurrenzumfeld ist in Social Media aktiv?
- In welcher Form sind die Konkurrenzunternehmen vertreten (z. B. auf Plattformen wie Facebook oder LinkedIn) oder aktiv (z. B. über Blogger Relations oder andere Kooperationen)?
- Wie sind die Aktivitäten und Maßnahmen zu bewerten (Anzahl Fans/Follower/Abonnenten, Beitragsfrequenz, Themen, Interaktionsrate, Reichweiten etc.)?
- Welcher Wettbewerber kann als Benchmark für Social-Media-Kommunikation gesehen werden?
- Gibt es andere Unternehmen – unabhängig vom Konkurrenzumfeld – deren Social-Media-Aktivitäten als Orientierung (im Sinne einer Overall-Benchmark) dienen können?[5]

Trends im Bereich Social Media

- Welche aktuellen Trends und Entwicklungen, z. B. hinsichtlich Plattformen-Technik und medialen Formaten, gibt es?
- Welche Studien- und Forschungsergebnisse können begleitend zur Unterstützung herangezogen werden?
- Welche Zukunftsprognosen für die Entwicklung von Social Media können gestellt werden?

Kompetenzen, Ressourcen und Budgets

- Welche Kompetenzen (z. B. redaktionelle und technische) und personelle Ressourcen (ggf. auch über externer Dienstleister) sind vorhanden und wie ist der Status (z. B. hinsichtlich der Auslastung)?
- Muss Know-how und ein grundliegendes Verständnis für das Thema Social Media intern, z. B. über die Schulung von Mitarbeitern, aufgebaut werden?
- Welche technischen oder rechtlichen Hürden (z. B. IT-Infrastruktur, Datenschutzrichtlinien etc.) sind möglicherweise vorhanden oder ggf. schon identifiziert?
- Wie hoch sind die zur Verfügung stehenden finanziellen Mittel?

---

[5]Ob und wie relevant diese Benchmarks als Einflussfaktor für die Strategie-Entwicklung sind oder ob sie lediglich zur Inspiration, z. B. auf der Maßnahmen- oder Umsetzungsebene dienen, muss individuell analysiert werden.

3.3.3 Stakeholder-Gruppen

In diesem Abschnitt gilt es zu klären, an wen – intern wie extern – die Social-Media-Aktivitäten kommunikativ gerichtet sind und mit wem man z. B. einen intensiven Dialog anstrebt. Die Stakeholder unterscheiden sich prinzipiell nicht von denen für andere Strategien und kommunikative Maßnahmen definierten Gruppen. Allerdings muss beachtet werden, dass sich die Stakeholder auf verschiedenen Plattformen parallel aufhalten bzw. ein Profil haben können und dabei jeweils plattformgemäß unterschiedliche digitale Identitäten und entsprechende kommunikative Bedürfnisse haben. Beispielhaft sind hier aus der Perspektive von Privatpersonen Netzwerke wie Facebook oder Snapchat im Vergleich zu LinkedIn oder Xing zu betrachten. Erstere sehen klassische User eher als private Netzwerke. Sie stehen daher im inhaltlichen Kontrast zu Business-Netzwerken (LinkedIn oder Xing). Allerdings sind die Grenzen teilweise sehr fließend und je nach Berufsfeld des Profilinhabers auch (bewusst) nicht klar definiert und vermischt. In spezifischen „Sub Social Media Strategies" und Konzepten, wie z. B. Unternehmensbereichsstrategien (HR, Marketing etc.) oder auch Playbooks[6], denen die hier beschriebene übergeordnete Version als strategische Grundlage dient, können die Stakeholder-Gruppen im Detail beschrieben und spezifiziert werden[7].

Eine reflektierte Analyse der schon bestehenden Stakeholder, mit Blick auf eine mögliche Präzisierung oder Ausdehnung, ist in diesem Segment als Vorbereitung sinnvoll.

[6]Das sind operative Richtlinien für einzelne Plattformen wie z. B. Snapchat, Instagram, LinkedIn oder Qzone.

[7]Exemplarisch kann hier eine Azubi-Marketing-Strategie für die Plattform Facebook herangezogen werden. Über die Maßnahme, einem Facebook-Azubi-Profil, sollen primär potenzielle Auszubildende (Schüler und Schulabsolventen, 14 bis 24 Jahre, Wohnort im Umkreis von max. 40 km um die Ausbildungsstätte etc.) angesprochen werden. Diese sind daher als primäre Stakeholder-Gruppe der Kommunikation anzusehen. Als sekundäre Gruppe könnten in diesem Szenario zusätzlich jedoch noch Eltern, Geschwister, Lehrer und weitere relevante Stakeholder aus dem direkten sozialen Umfeld der primären Gruppe mit Inhalten strategisch adressiert werden.

Beispiel
Externe Stakeholder:

- B2B-Kunden (Systemkunden, Regionalkunden etc.)
- Journalisten (Fachmedien, Nachrichten- und Wirtschaftsmedien, Regionalmedien und Agenturen)
- Potenzielle Mitarbeiter (Young Professionals, Professionals, Schüler etc.)
- Sonstige Multiplikatoren und Meinungsführer (z. B. Blogger)

Spezielle externe Stakeholder:

- Hersteller
- Lieferanten
- Verbände und Branchenexperten
- Interessenvertretungen und NGOs
- Politische Entscheider und Behörden

Interne Stakeholder:

- Führungskräfte
- Mitarbeiter
- Betriebsrat

Spezielle interne Stakeholder:

- Investoren
- Gesellschafter

3.3.4 Strategie

In diesem Bereich wird der strategische Ansatz bzw. die Strategie für das Handeln des Unternehmens in Social Media übergeordnet definiert. Was sind die Ziele der Social-Media-Strategie und was soll mit den Aktivitäten im Social Web erreicht werden? Und worauf liegt der Fokus aller Aktivitäten, unabhängig von Abteilungen und Länder-Dependancen?

Beispiel

- Die D.T.U. GmbH ist bereits im Web 2.0 aktiv – diese Aktivitäten werden künftig auf Basis einer verbindlichen, strategisch-konzeptionellen Grundlage professionalisiert.
- Als Grundlage für alle Social-Media-Maßnahmen dient die vorliegende Strategie, die eine glaubwürdige, konsistente und markenwert-konforme Kommunikation der Themen, Werte und Kernaspekte der Vision „WE 2020" für alle internen und externen Social-Media-Aktivitäten gewährleistet.
- Social Media wird grundsätzlich integrativ und nicht isoliert betrachtet.
- Alle Maßnahmen im Bereich Social Media sind als Teil eines aufeinander abgestimmten Kommunikations-Mix zu entwickeln und umzusetzen.
- Die verschiedenen Unternehmensbereichsziele werden stakeholder- und länderspezifisch wahrgenommen, aufbereitet und kommuniziert.

3.3.5 Rollen und Aufgaben

Da es sich im vorliegenden Beispiel um eine von der D.T.U.-Unternehmenskommunikation initiierte „Umbrella Social Media Strategy" handelt, sollten die Rollen, Aufgaben und demnach auch Verantwortungsbereiche der verschiedenen Unternehmensbereiche möglichst klar definiert werden.

Beispiele

Rolle und Aufgabe der Unternehmenskommunikation

Die Abteilung Unternehmenskommunikation wird als übergreifende Instanz in der internen/externen Kommunikation in Social Media eine hohe inhaltliche Qualität und Konsistenz mit der Strategie „WE 2020" und gemäß den Vorgaben für Corporate Design, Language und Behavior sicherstellen. Die Unternehmenskommunikation steht allen anderen Abteilungen prozessbegleitend als Inhouse-Beratung für Social-Media-Projekte zur Verfügung.

Rollen und Aufgaben der Unternehmensbereiche HR, Marketing etc.

Die einzelnen Unternehmensbereiche müssen die eigenen spezifischen Ziele mit denen der „Umbrella Social Media Strategy" zusammenführen und daraus konforme Konzepte und Maßnahmen ableiten. Sie sind verantwortlich für die Konzeption, Umsetzung, Betreuung und den Erfolg der eigenen Social-Media-Projekte.

Rollen und Aufgaben der verschiedenen Länderverantwortlichen:
Die Verantwortlichen in den jeweiligen Ländervertretungen müssen die Vorgaben und Zielsetzungen der Abteilungen, basierend auf der „Umbrella Social Media Strategy", auf ihre länderspezifischen Bedürfnisse, Infrastrukturen und Ressourcen ausrichten und bei der Umsetzung von Maßnahmen berücksichtigen.

3.3.6 Themenmanagement

Ein strategisches Themenmanagement ist besonders für Aktivitäten in Social Media relevant. Ziel des Themenmanagements ist es unter anderem, Themen aktiv zu besetzen bzw. Themenhoheit zu erlangen. Grundlage hierfür ist das Wissen um aktuell relevante Themen. Idealerweise werden Themen für den Einsatz in Social Media schon frühzeitig erkannt. Daher ist es wichtig, Themen auf der öffentlichen – und wenn möglich auch internen – Agenda systematisch zu beobachten. Ein koordiniertes und crossmediales Themenmonitoring sollte unbedingt durchgeführt werden. Im Rahmen dessen wird analysiert, in welchen relevanten Medien und Kommunikationskanälen welche Themen, Meinungen und Nachrichten präsent sind bzw. sich entwickeln. Das externe Themenmonitoring und die Datengenerierung basieren dabei auf zwei Säulen: zum einem auf dem klassischen Medien-Monitoring (für Online- und Offline-Medien) und zum anderen auf dem speziellen Social Media Monitoring.

3.3.7 Kernbotschaften

Die Kernbotschaften bilden die inhaltliche und Ebenen übergreifende Grundlage der Unternehmenskommunikation für die verschiedenen Abteilungen, Themenfelder und Stakeholder-Gruppen. Sie müssen für die Social-Media-Aktivitäten in Stakeholdergruppen-adäquate Themen, Formate und Inhalte abgeleitet und transformiert werden, um die Rezeption und Implementierung der Botschaften crossmedial zu gewährleisten.

3.3.8 Maßnahmen

Aus der Strategie müssen für die einzelnen Abteilungen konkrete kurz-, mittel- und langfristige Maßnahmen für verschiedenste Instrumente und Plattformen im Web 2.0 ableitbar sein. Eine zentrale Fragestellung dabei lautet: „Welche zielsetzungskonformen und Stakeholder-adäquaten kurz-, mittel- und gegebenenfalls auch langfristigen Empfehlungen für das strategisch-kommunikative Vorgehen in Social Media ergeben sich aus den Analyse-Ergebnissen und den konzeptionellen Vorgaben?". Es müssen daher zunächst (gegebenenfalls für Social Media optimierte) Themen/Schwerpunkte mit jeweils korrelierenden Aspekten aus den Kernbotschaften des Unternehmens für einzelne Stakeholder-Gruppen beschrieben werden. Nur so kann eine konsistente und strategiekonforme Kommunikation auf der Maßnahmenebene aus Sicht des Unternehmens in Social Media – bereichs- und länderübergreifend sowie für unterschiedlichste Stakeholder – gewährleistet werden (Abb. 3.1).

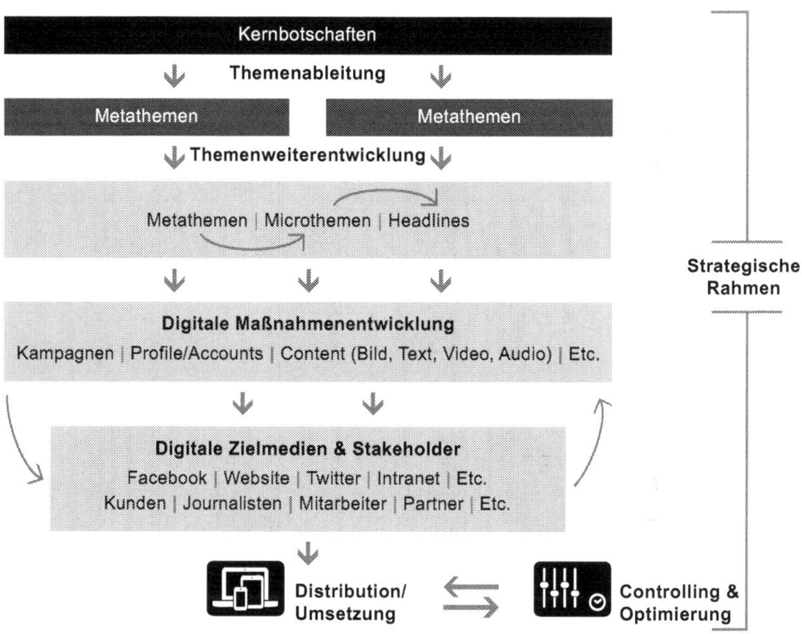

Abb. 3.1 Digitale Themen- und Maßnahmenentwicklung sowie Controlling- und Optimierungsprozess. (Schömburg 2017)

Beispiel

Stakeholder-Gruppe
Bewerber und potenzielle Mitarbeiter

Themen
Vereinbarkeit von Beruf und Familie, Diversity, Gesundheitsmanagement, Unternehmenswerte, Events und Veranstaltungen, Arbeitgeberauszeichnungen, Compliance, Corporate Responsibility etc.

Kernbotschaften

- „D.T.U. ist ein partnerschaftlicher und flexibler Arbeitgeber, der auf die speziellen Bedürfnisse seiner Mitarbeiter eingeht."
- „D.T.U. ist ein international agierendes Unternehmen, das seinen Mitarbeitern ein attraktives und sicheres Arbeitsumfeld – auch in Krisenzeiten – bietet."
- „D.T.U. pflegt seine Unternehmenswerte und handelt auch danach: Fairness, Transparenz, Respekt und Verlässlichkeit."
- „D.T.U. ist führender Experte auf dem Gebiet Verbindungstechnik und bietet innovative Produkte sowie zukunftsweisende Dienstleistungen."
- „D.T.U. ist ein zukunftsorientiertes Unternehmen und fördert seine Mitarbeiter kontinuierlich auf allen Ebenen und Levels."

Maßnahme
Technischer und inhaltlicher Auf-/Ausbau der Online-Profile und der dialogischen Kommunikation auf digitalen Arbeitgeberbewertungsplattformen und anderen von den Stakeholder-Gruppen frequentierten Online-Netzwerken.

3.3.9 Handbook Social Media

Die „Umbrella Social Media Strategy" wirkt auf der strategischen Ebene als Rahmen und Leitfaden für die unternehmerischen Aktivitäten im Web 2.0. Um die operative Ebene der Umsetzung konkreter zu erfassen, wird im folgenden Teil über ein „Handbook" auch der Konzeptionsrahmen von „Sub Social Media Strategies" für die Abteilungen und Länder-Dependancen vorgegeben und als Vorlage definiert (vgl. Fiege 2012, S. 55). Die Inhalte sollten ausführlich erläutert werden, damit es keine Unklarheiten in der Konzeption und dem parallelen Arbeiten im und mit dem Handbook gibt. Zum besseren Verständnis der Inhalte können Fragestellungen für die einzelnen Kapitel und Themen formuliert werden.

Beispielhafter Aufbau Handbook

1. Einleitung
2. Ziele
3. Stakeholder-Gruppen
4. Analyse von Markt- und Wettbewerbsumfeld
5. Inhaltliche Ausrichtung, Redaktionelles und personelle Ressourcen
6. Prozesse und Schnittstellen
7. Gestaltung und Design
8. Vermarktung und Kommunikation
9. Controlling, KPIs und Reporting
10. Kostenindikation und Ressourcen
11. Rechtliches
12. Krisen und Issues
13. Software und Tools
14. Social Media Guidelines
15. Proof of Concept

3.3.10 Definitionen und Beispiele Handbook-Kapitel

Einleitung

Alle von D.T.U. initiierten Social-Media-Maßnahmen und -Aktivitäten müssen anhand einer konzeptionell-strategischen Grundlage erarbeitet werden. Dazu müssen die für die umzusetzenden Maßnahmen relevanten Aspekte des folgenden Handbooks im Rahmen einer maßnahmenspezifischen Konzeption beachtet, integriert und geprüft werden. Die Inhalte dienen der Erstellung eines detaillierten Maßnahmenkonzepts, um eine konzeptionelle und strategiekonforme Vorgehensweise aller Abteilungen weltweit sicherzustellen.

Ziele

Im Rahmen der Ausarbeitung der Zielsetzung innerhalb der Konzeption muss eine konkrete Definition und Abgrenzung zwischen Zielen und – wenn sinnvoll – auch Nichtzielen der Maßnahme vorgenommen werden. Mögliche Fragestellungen:

- Welche Ziele werden mit der Maßnahme verfolgt und stehen diese im Zusammenhang mit den Themen und Kernbotschaften bzw. den Zielsetzungen der Umbrella Social Media Strategy?
- Welche konkreten Ziele werden nicht durch die Maßnahme verfolgt?[8]

[8]Dies könnte bespielweise für einen HR-Kanal die Vorgabe sein, keine Produktwerbung zu verbreiten oder Kundenanfragen direkt zu bearbeiten (wobei dies nicht einen Verweis z. B. auf andere Anlaufstellen des Unternehmens ausschließt).

Stakeholder-Gruppen
Neben den primären müssen gegebenenfalls auch sekundäre Stakeholder-Gruppen für die Social-Media-Maßnahme definiert werden. Im Zuge der plattformspezifischen Umsetzung ist es eventuell nötig, eine spezifischere bzw. feinere Definition der Stakeholder vorzunehmen (vgl. Abschn. 3.3.3). Dabei können z. B. im B2C-Bereich demografische, soziodemografische, psychografische und medienorientierte Merkmale sowie Aspekte zum Kaufverhalten (vgl. Gabler Wirtschaftslexikon o. J.) zusätzlich zu schon vorhandenen Definitionen und Bestandsdaten herangezogen werden.

Analyse von Markt- und Wettbewerbsumfeld
Es ist notwendig, eine intensive Beobachtung und eine vergleichende Analyse des eigenen Markt- und Wettbewerbsumfelds vor der Umsetzung der Maßnahmen einzuleiten. Hierbei sollen – wenn möglich – mehrere Konkurrenzmaßnahmen oder Aktivitäten mit der angedachten D.T.U.-Maßnahme verglichen werden.[9] Zur Orientierung und Einordnung muss deutlich werden, welche Maßnahme als Best-Practice- und welche als Worst-Practice-Beispiel dienen kann. Zum Vergleich und zur strategisch-relevanten Bewertung der fremden Maßnahmen und Aktivitäten müssen die für die eigene Maßnahme relevanten KPIs (siehe Punkt 9 im Handbook: Controlling, KPIs und Reporting.), wenn möglich, verwendet werden.

Inhaltliche Ausrichtung, Redaktionelles und personelle Ressourcen
Unter dem Punkt „Ausrichtung, Redaktionelles und personelle Ressourcen" müssen Aussagen zur grundsätzlichen redaktionellen Ausrichtung und Betreuung der Maßnahme getroffen werden.

Mögliche Fragestellungen:

- Welche Themen und Diskurse sollen einmalig oder regelmäßig redaktionell bedient und bearbeitet werden?
- Was sind die für die Maßnahme relevanten D.T.U.-Kernbotschaften und wie werden diese in ein redaktionelles und 2.0-adäquates Format übertragen?
- Wie entsteht der Redaktions- oder Content-Plan?
- Wie ist das Projekt- und Redaktionsteam zusammengesetzt?
- Müssen Mitarbeiter im Vorfeld zusätzlich geschult oder weitergebildet werden?

[9] Dies ist unter anderem notwendig, um gegebenenfalls tangierende Maßnahmen zu identifizieren und – da es sich sehr wahrscheinlich um ähnliche Stakeholder handelt – Ableitungen sowie Optimierungen für die eigenen Maßnahmen vorab und zukünftig treffen zu können.

Prozesse und Schnittstellen
Alle notwendigen Prozesse innerhalb der Maßnahmenkonzeption und -umsetzung sind im Vorfeld transparent auszuarbeiten. Hilfreiche Fragestellungen dazu sind z. B.:

- Wie sehen die expliziten Redaktions- und Freigabeprozesse aus?
- Welche Personen, Abteilungen und Dienstleister sind generell involviert?
- Welche Prozessschnittstellen können eventuell für operative oder administrative Aufgaben bei Bedarf intern oder extern angesteuert werden?

Gestaltung und Design
Bei allen Social-Media-Aktivitäten wird ein hochwertiges und richtlinienkonformes Corporate Design – bezogen auf die plattform- und maßnahmenspezifischen Eigenschaften – vorausgesetzt.

Mögliche Fragestellungen:

- Wie ist das Design der Maßnahme, mit Blick auf Corporate-Design-Vorgaben, aufgebaut?
- Wie wird ein richtlinienkonformes Corporate Design gewährleistet?
- Existieren ein allgemeingültiger interner Styleguide oder Richtlinien für die spezifische Maßnahme oder Plattform?

Vermarktung/Kommunikation
Die Vermarktung einer Maßnahme ist essenziell im Zuge der Konzeption. Besonders der Aspekt einer crossmedialen Online- und Offline-Vermarktung muss hier beachtet werden.

Mögliche Fragestellungen:

- Welche Online- und Offline-Kanäle und -Instrumente eignen sich unter Berücksichtigung der unterschiedlichen Stakeholdergruppen für die Vermarktung und Kommunikation der Maßnahme?
- Wie hoch sind die Investitionen für mögliche externe Services und Dienstleistungen?

KPIs, Controlling und Reporting
Im Maßnahmenkonzept muss eine Darstellung der relevanten KPIs zur Erfolgsmessung sowie eine Definition zum Reporting-Prozess und der Reporting-Formate vorgenommen werden.

Mögliche Fragestellungen:

- Welche KPIs sind relevant für die Messung und das Controlling der spezifischen Maßnahme (Abb. 3.2)?
- Wann ist die Maßnahme aus strategischer Sicht messbar erfolgreich?
- Wie berechne ich den ROI der Maßnahme?
- In welchen Intervallen und in welcher Form finden Controlling und Reporting statt (Abb. 3.3)?

Kostenindikation und Ressourcen

Für eine erste Kostenindikation und vorläufige Informationen zur Ressourcenallokation sind unter anderem folgende Aspekte vorab zu berücksichtigen:

Mögliche Fragestellungen:

- Welches Budget ist erforderlich, um die Maßnahme umzusetzen?
- Welche Kosten entstehen z. B. für die Vermarktung und externe Dienstleistungen?
- Welche internen (z. B. personellen oder technischen) Ressourcen werden benötigt?

Abb. 3.2 Social Media Balanced Scorecard (SMBSC) für eine Folge-Strategie mit Schwerpunkt E-Commerce. (Fiege 2012, S. 132)

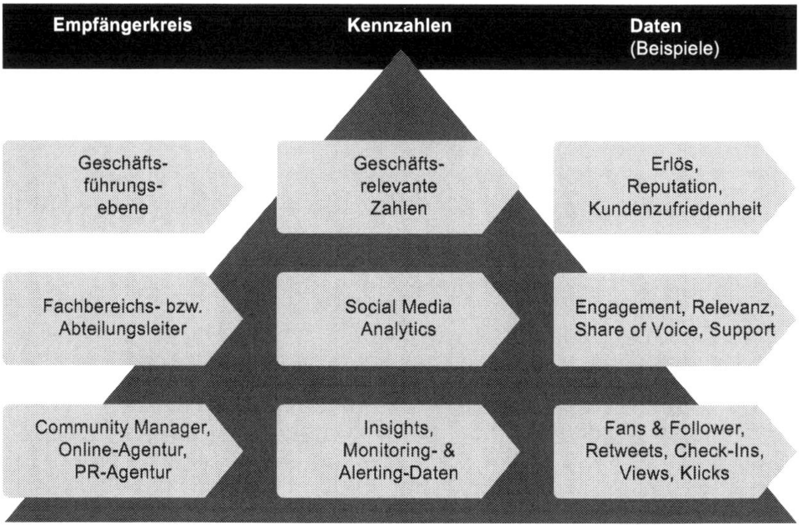

Abb. 3.3 Unterschiedliche Reportinganforderungen für unterschiedliche Empfängergruppen. (Fiege 2012, S. 143)

Rechtliches

Unter diesem Punkt sollten alle erforderlichen Aspekte zu rechtlichen Regelungen und Prozessen, die im Rahmen der Maßnahme relevant sind, kurz genannt werden. Beispiele:

- Datenschutz
- Lizenz- und Bildrechte
- Plattformspezifische Richtlinien
- Mitarbeiterverträge
- Vorgaben des Betriebsrats
- Etc.

Krisen und Issues

Für den Fall, dass sich innerhalb einer Maßnahme ein krisenbehaftetes Szenario andeutet oder sogar schon besteht, müssen Prozesse und Abläufe zur Bearbeitung im Vorfeld festgelegt werden. Mögliche Fragestellungen:

- Welche Maßnahmen und Prozesse sind bei kritischen Inhalten oder potenziellen Krisenszenarien im Rahmen der Maßnahme einzuleiten?
- Wer sind die in einem Krisenfall zu informierenden bzw. beteiligten Abteilungen und Personen?
- Welche Inhalte und Dokumente (z. B. Krisenhandbuch und Alarmpläne) sind dem Krisenteam in einem Krisenszenario kurzfristig bereitzustellen?

Software und Tools

Zur Vereinfachung der abteilungs- und länderübergreifenden Zusammenarbeit wird eine Standardisierung der zu verwendenden Social Media Softwares und Tools angestrebt. Dies soll Verschiedenes erleichtern, wie z. B. die

- Messung der KPIs,
- Anfertigung und Interpretation sowie den abteilungs- und länderübergreifenden Vergleich von Reportings,
- die technische und redaktionelle Betreuung von D.T.U.-Accounts und
- die prozessuale sowie inhaltliche Bearbeitung von krisenbehafteten Szenarien weltweit.

Social Media Guidelines

Die Social Media Guidelines sind eine praktische Anleitung und Empfehlung für alle Mitarbeiter mit Hinblick auf private wie berufliche Aktivitäten und andere unternehmensrelevante Themen in Social Media. Die Guidelines schaffen einen Rahmen, der vorgibt, was bei der Partizipation in Social Media aus Sicht des Unternehmens angemessen bzw. unangemessen ist (vgl. Wollan 2011, S. 29). Ziel der Guidelines ist es, Mitarbeitern Unsicherheiten im Umgang mit Social Media zu nehmen und sie so zu höherem Engagement im vorgegeben bzw. empfohlenen Rahmen zu motivieren. Die Guidelines fungieren als Leitplanken und greifen wichtige Aspekte wie Unternehmenskultur, -ziele und -strukturen auf (vgl. Bouderaux 2011, S. 281). Um eine störungsfreie und gelingende Kommunikation im Web 2.0 zu gewährleisten, ist die Erstellung und Einhaltung der Social Media Guidelines von hoher Bedeutung und sollte daher für alle Mitarbeiter im beruflichen Kontext bindend sein. Demnach sind auch alle Maßnahmen schon während der Konzeption mit den Vorgaben aus den Social Media Guidelines abzugleichen, um eventuelle Spannungsfelder oder Reibungspunkte frühzeitig zu erkennen. Folgende Punkte sind bei der Erstellung der Social Media Guidelines unter anderen zu beachten:

1. Definieren Sie Ziele.
2. Geheimnisse sind geheim und Interna bleiben intern.
3. Mitarbeiter müssen authentisch sein.
4. Wer veröffentlicht, übernimmt Verantwortung.
5. Interne Kritik ist erlaubt, bleibt aber intern.
6. Gehen Sie mit Fehlern offen um.
7. Schonen Sie Ihre Geschäftsbeziehungen.
8. Beachten Sie das geltende Recht.
9. Schränken Sie private Nutzung von Social Media während der Arbeitszeit ein.
10. Social Media erfordert kontinuierliches Engagement (BVDW 2011).

Proof of Concept

Als interne inhaltliche und strategisch-konzeptionelle Controlling-Instanz dient der „Proof of Concept". Hintergrund dieses Prozesses ist es, Themen, Maßnahmen bzw. Konzepte auf nachfolgende Aspekte bzw. Fragestellungen hin zu überprüfen, um ausschließlich fundierte Social-Media-Konzepte und -Projekte sicherzustellen. Dies kann auch interdisziplinär im Austausch mit anderen Abteilungen stattfinden. Die Ergebnisse dienen den Projektteams zur Analyse und Prognose spezifischer Maßnahmenaspekte und zur Vorlage bei Entscheidern sowie anderen Kontrollinstanzen, wie z. B. der Abteilung für Unternehmenskommunikation. Im Idealfall läuft dieser Prozess parallel und kontinuierlich zum eigentlichen Konzeptionsprozess ab. Mögliche Fragestellungen:

- Zahlt das Thema bzw. die Social-Media-Maßnahme auf eine oder mehrere Kernbotschaften der Strategie „WE 2020" ein?
- Ist das Konzept, die Maßnahme oder das Thema im Hinblick auf zeitliche, personelle und finanzielle Ressourcen umsetzbar?
- Ist das Konzept, die Maßnahme oder das Thema rechtlich einwandfrei?
- Ist das Konzept, die Maßnahme oder das Thema organisatorisch und technisch realisierbar?
- Welche positive und negative Anschlusskommunikation ist möglich?
- Welche Reaktionen der internen und/oder externen Stakeholder sind zu erwarten?

3.4 Living in Transformation

Die hier zuvor gezeigte Strategieentwicklung für Social Media im Unternehmenskontext beschreibt eine Empfehlung bzw. eine von vielen möglichen Herangehensweisen und ist mit Sicherheit nicht allumfassend und vollständig. Sie kann und muss sogar individuell bearbeitet und angepasst werden, um für ein Unternehmen konkret umsetzbar zu sein. Jedes Unternehmen hat eigene Strukturen, Ressourcenverteilungen, Ziele, Standards und Kulturaspekte, die berücksichtigt werden müssen und als starke Einflussfaktoren auf den Strategieentwicklung einwirken. Der Bereich Social Media ist aus Sicht der Kommunikation eines der dynamischsten Segmente der digitalen Transformation und verändert sich ständig. Hinzu kommen länder-, plattform- und kulturspezifische Faktoren und Standards, die eine verallgemeinerte und allgemeingültige Sichtweise von Unternehmen auf das Thema erschweren. Daher ist es wichtig, als Unternehmen vom Allgemeinen zum Besonderen – mit Blick auf Abteilungs-, Plattform-, Länder- und Kulturspezifika – zu denken, um erfolgreiche Maßnahmen dauerhaft und mit Perspektive im Social Web umzusetzen.

Die Antwort auf die Eingangsfrage, was eine moderne Unternehmenskommunikation strategisch und operativ im Kontext der digitalen Transformation leisten muss, kann im Wesentlichen in folgenden Kernpunkten verdichtet werden: Fakt ist, dass die Räume und das Spektrum für Unternehmenskommunikatoren durch die fortschreitende Digitalisierung erweitert und ausgedehnt wurden. Dennoch bleibt die Basis für erfolgreiche Unternehmenskommunikation im Kern bestehen. Es geht darum, auf Grundlage der Ressourcen, Werte, Kernbotschaften und der Unternehmenskultur, Themen und Inhalte stakeholder- und maßnahmenspezifisch abzuleiten und zu vermitteln. Dafür essenziell ist ein analytisches, strategisches und konzeptionell-fundiertes Vorgehen und im Zuge dessen ein fortlaufender unternehmerischer und kultureller Reflexionsprozess. Parallel dazu müssen Kommunikatoren mehr denn je die zahlreichen und sehr dynamischen Trends und technologischen Entwicklungen kontinuierlich beobachten, diese in Bezug zum Unternehmen setzen und sie für ihre eigenen Kommunikationsaktivitäten interpretieren, um sie anschließend zielführend anwenden zu können.

Entscheidende Fragen sind dabei aktuell, wie z. B. künstliche Intelligenz und Automatisierungsprozesse die Rolle von Kommunikatoren verändern werden, welche Auswirkungen die Weiterentwicklung von Big Data auf die Öffentlichkeitsarbeit hat und wie Unternehmenskommunikation durch die zunehmende Durchdringung des Internets der Dinge im Alltag in Kombination mit Augmented Reality beeinflusst wird. Mit einer soliden strategisch-konzeptionellen Vorbereitung, der entsprechenden Anwendungskultur und internem Know-how sind aber auch diese Entwicklungen für die Unternehmen und deren Kommunikation positive Herausforderungen und grundsätzlich als Bereicherung zu sehen. Denn dass wir den Zustand „Living in Transformation" längst erreicht haben und daher auch schon in einer unvermeidlichen Auseinandersetzung damit stehen, lässt sich definitiv nicht bestreiten. Der Anspruch, fortschrittlich und „state of the art" zu sein, ist für Unternehmen in Zukunft daher immer wichtiger, jedoch gleichzeitig immer schwieriger zu erreichen bzw. zu halten.

„Der größte Feind des Fortschritts ist nicht der Irrtum, sondern die Trägheit" (Buckle 1858–1861).

Literatur

Boudreaux, C. 2011. Social media policies. In *The social media management handbook: Everything you need to know to get social media working in your business*, Hrsg. N. Smith, R. Wollan, und C. Zhou, 274–285. Hoboken: Wiley.

Buckle, Henry Thomas. 1858–1861. *History of civilization in England*. London: John W. Parker. Deutsche Ausgabe: Ruge, Arnold. 1901. *Geschichte der Civilisation in England*. Leipzig: Winter.

Bundesverband Digitale Wirtschaft (BVDW) e. V. 2011. BVDW LEITFADEN: Social Media Richtlinien – 10 Tipps für Unternehmen und Ihre Mitarbeiter. http://www.bvdw.org/medien/bvdw-leitfaden-social-media-richtlinien–10-tipps-fuer-unternehmen-und-ihre-mitarbeiter-?media=1770. Zugegriffen: 4. Juni 2017.

Fiege, Roland. 2012. *Social Media Balanced Scorecard: Erfolgreiche Social-Media-Strategien in der Praxis*. Wiesbaden: Vieweg + Teubner.

Gabler Wirtschaftslexikon. o. J. Definition Zielgruppe. http://wirtschaftslexikon.gabler.de/Definition/zielgruppe.html. Zugegriffen: 14. Juni 2017.

n-tv Nachrichtenfernsehen GmbH. 2011. Vor 20 Jahren startet das WWW. http://www.n-tv.de/technik/Vor-20-Jahren-startet-das-WWW-article3991551.html. Zugegriffen: 4. Juni 2017.

4 Fazit: Herausforderungen und Aufgaben künftiger Unternehmenskommunikation

Die digitale Transformation betrifft mit ihren tief greifenden Veränderungen sämtliche Lebensbereiche. Diese miteinander vernetzten Umwälzungen, analog dem Web 4.0 mit dem Upgrade 4.0 indiziert, verändern auch zunehmend die Strategien, Szenarien und Aktionsfelder der Unternehmenskommunikation. Forciert wird diese Entwicklung durch die Akzeleration der technologischen Innovationssprünge im medialen Bereich. In diesem Sog generieren sich neue Diskursräume und Medienlandschaften, etablieren sich digitale Öffentlichkeiten mit neuen kommunikativen Ansprüchen, die weitere Herausforderungen an die Regisseure von Unternehmenskommunikation implizieren. Dieser Wandel erfordert folglich schnelle Anpassungen an die sich verändernden Kommunikationsverhältnisse im Rahmen einer konsequenten Neuausrichtung des gesamten kommunikativen Arrangements.

Doch bei aller Begeisterung für das digitale New Age und eingedenk der Notwendigkeit, die Strukturen und Kommunikationskybernetik auf diesen Horizont hin zu justieren, besteht der Vorbehalt, dass Digitalisierung die zwischenmenschlichen Beziehungen kommunikativ nicht vollends einlösen kann. Die proklamierte Mensch-Maschine-Fusion stößt an eine kommunikative Schallmauer, weil Menschen als soziale Akteure immer noch und weiterhin in persönlichen Begegnungen als Sender, Empfänger oder Mittler miteinander kommunizieren. Digitalisierung kann den authentischen und direkten, in die Aura der Sinneswahrnehmungen eingebetteten kommunikativen Austausch nicht ersetzen.

Die von den Kommunikatoren – auch in jüngsten Umfragen – getroffenen Einschätzungen zeigen (s. Kirf und Eicke 2016, S. 24 ff.), dass die spezifischen Herausforderungen und Aufgaben der künftigen Unternehmenskommunikation in digitalen Kontexten und Szenarien prinzipiell verstanden worden sind. Deren Akteure sind überwiegend der Meinung, dass die meisten gravierenden Neuerungen

B. Kirf et al., *Unternehmenskommunikation im Zeitalter der digitalen Transformation,* https://doi.org/10.1007/978-3-658-15364-9_4

und damit korrelierenden Veränderungen in der Arbeitswelt bereits in nächster Zeit erfolgen werden. Die Frage, wie umfassend technologische und damit auch kommunikative Umwälzungen sein werden, wird zunehmend Raum in Fachdiskursen einnehmen.

Die wesentlichen Erkenntnisse aus der Auseinandersetzung mit den vorab dargestellten Aspekten des Themenfeldes lassen sich abschließend wie folgt darstellen:

Durch die exponentiell anwachsenden Datenmengen (Big Data) steigt auch die Anwendung digitaler Daten in der Kommunikation. **Diese Daten müssen für die Unternehmenskommunikation nutzbar gemacht werden.** Für die Unternehmenskommunikation bedeutet das allerdings, dass nur gezielt extrahierte und gründlich aufbereitete Daten in den Kommunikationsaktivitäten eingesetzt werden können. Denn erst die Datenauswertung ermöglicht Insights, mit deren Hilfe Stakeholder besser erreicht sowie interessenorientiert und bedarfsbezogen angesprochen werden können.

Eine stärkere Professionalisierung der Kommunikatoren für den geübten Umgang mit Daten ist eine weitere Anforderung der Digitalisierung. Primäre Aufgabenstellungen, um **Daten professionell zu managen,** sind hierbei, die entsprechenden Übersetzungsleistungen vorzunehmen und die gezielte Distribution der Inhalte der Kommunikation an die verschiedenen Kommunikationsbereiche optimal zu managen. Dieser Lotsenfunktion kommt vornehmlich die adäquate Einordnung der aufbereiteten Daten zu. Damit ergibt sich die Möglichkeit, mittels der separierten Daten eine integrierte Kommunikation für die jeweiligen Segmente – interne Unternehmenskommunikation, externe PR, Marketing und HR – zu implementieren.

Klassische Kommunikation muss mit datengestützten Konzepten für Kampagnen ergänzt und verstärkt werden. Vor allem muss die **Stakeholder-Kommunikation datenbasiert konzipiert** werden. Die Aufgabe liegt darin, den zielführenden Weg zwischen Crossmedia und Stakeholder-Ansprache auszuloten. Passgenauigkeit in der Kommunikation erfordert hierbei eine dichtere Zielgruppenerfassung, beispielsweise mittels digitalem Targeting von Stakeholdern.

Künstliche Intelligenz (KI) hat partiell längst Einzug in die Kommunikation gehalten. Deshalb muss **KI in die Kommunikation eingebunden** sein. Bots beispielsweise optimieren Click-Zahlen oder Website-Rankings und generieren automatisierte Stakeholder-Dialoge. Textroboter werden in naher Zukunft aus komplexen Datenmengen aufgrund ihrer verfeinerten und selbstlernenden Algorithmen in Sekundenschnelle automatisch Pressetexte formulieren. Fraglich ist allerdings, wo die Grenzen dieser Entwicklung in der praktischen Anwendung liegen.

Die digitale Transformation wirft die grundsätzlichen Fragen auf, welche der neuen Technologien die Unternehmenskommunikation aufgreifen und einsetzen muss, aber auch, mit welchen Auswirkungen auf das gesamte kommunikative Arrangement zu rechnen ist. Welche Funktionen bleiben dem Menschen in der Konnektivität von Robotern? Bloße Schnittstelle als User und Responder von Kommunikation schlechthin? Oder agieren Kommunikatoren künftig noch in angestammten Rollen wie des Produzenten, des Controllers und Koordinators von Angeboten und Programmen von Kommunikation? Sicher ist, dass die Unternehmenskommunikation „Übersetzungsfunktionen" leisten muss. Sicher ist auch, dass **neue Formen der Stakeholder-Kommunikation implementiert** werden müssen. Intelligente Produkte werden eine neue Dimension aufstoßen, eine Form von separater Direktkommunikation zwischen Produkt und Anwender sowie die gezielte Erfassung von Nutzerdaten. Für die Unternehmenskommunikation birgt diese Entwicklung neue Chancen der Kontaktnahme mit den Kunden, z. B. um ein persönliches Storytelling mit den Stakeholdern zu entwickeln. Auch die Corporate Stories der Unternehmen werden sich durch die rasant wachsende Fokussierung auf digitale Medien sowie die damit einhergehende Virtualisierung der Kommunikationslandschaften verändern.

In Hinblick auf eine datenbasierte Unternehmenskommunikation gewinnen Transparenz und Datenschutz unweigerlich an Bedeutung. Dabei wird die Transparenz von Unternehmen zum einen öffentlich gefordert und politisch verordnet. Zum anderen wird der Ruf von kritisch eingestellten Stakeholder-Gruppen nach weitergehender Transparenz in Hinsicht auf die Datenbanken und eingesetzten Algorithmen der Unternehmen stärker. Letztlich entspringt diese Forderung der bestehenden Praxis klassischer Dialogkommunikation, welche die gestiegenen Erwartungshaltungen und Anforderungen von Öffentlichkeiten an Unternehmen als Kommunikationsinstrument längst bedient. Entscheidungen, wie die künftige Unternehmenskommunikation für diese Entwicklung ausgerichtet werden sollte, gehören schon jetzt auf die Agenda.

Transparenz und Datenschutz sind dabei nur eine von vielen Fragestellungen, die mit den Einschätzungen dieses Buches einhergehen. Viele weitere angesprochene Fragen sind noch zu klären. Um diese zu diskutieren und zu beantworten, sind künftig sicherlich auch interdisziplinäre Konzepte aus der Kommunikations- und Sozialwissenschaft, Betriebswirtschaftslehre, Organisationspsychologie, Informationstechnik, der PR- und Organisationskommunikations- sowie Publikums- und Persuasionsforschung gefragt.

Literatur

Kirf, B., und K.-N. Eicke. 2016. Zehn Thesen zu Trends und Tendenzen des künftigen Kommunikationsmanagements. In *Kommunikationsmanagement. Strategie – Wissen – Lösungen*, Hrsg. G. Bentele, M. Piwinger, und G. Schönborn, 1.49, 1–28. Köln: Luchterhand.

27665039R00081

Printed in Poland
by Amazon Fulfillment
Poland Sp. z o.o., Wrocław